Windows 10 应用基础

丁爱萍 主编

电子工业出版社
Publishing House of Electronics Industry
北京·BEIJING

内 容 简 介

本书详细介绍 Windows 10 操作系统的使用方法与操作技巧，既适合初学者使用，又方便用户将操作系统升级到 Windows 10。本书主要内容包括 Windows 10 的新功能和基本操作、外观和主题设置、文件和文件夹的操作、用户账户的配置和管理、文本输入、Windows 10 实用工具、Metro 风格应用、实用 PC 附件、多媒体娱乐工具、硬件与硬件管理、网上冲浪等。

本书结构合理、浅显易懂，以从入门到精通的学习思路为主线，让读者轻松上手，即学即会。适合广大 Windows 10 用户、系统管理与维护人员，以及计算机爱好者阅读。

图书在版编目（CIP）数据

Windows 10 应用基础/丁爱萍主编. 一北京：电子工业出版社，2018.3

ISBN 978-7-121-33774-1

I. ①W… II. ①丁… III. ①Windows 操作系统 IV. ①TP316.7

中国版本图书馆 CIP 数据核字（2018）第 037951 号

策划编辑：关雅莉

责任编辑：关雅莉　　　　特约编辑：崔胤伟

印　　刷：北京捷迅佳彩印刷有限公司

装　　订：北京捷迅佳彩印刷有限公司

出版发行：电子工业出版社

　　　　　北京市海淀区万寿路 173 信箱　邮编 100036

开　　本：787×1092　1/16　印张：17　字数：435.2 千字

版　　次：2018 年 3 月第 1 版

印　　次：2021 年 8 月第 5 次印刷

定　　价：36.00 元

凡所购买电子工业出版社图书有缺损问题，请向购买书店调换。若书店售缺，请与本社发行部联系，联系及邮购电话：（010）88254888，88258888。

质量投诉请发邮件至 zlts@phei.com.cn，盗版侵权举报请发邮件至 dbqq@phei.com.cn。

本书咨询联系方式：（010）88254463，luomn@phei.com.cn。

P 前 言
PREFACE

Windows 10 操作系统是 Microsoft 公司推出的具有革命性变化的最新一代的操作系统。与以前的版本相比，它增加了许多新功能，这些新功能带给了用户全新的视觉冲击和操作体验。

本书由经验丰富的计算机教学名师精心编写，详细介绍了 Windows 10 各方面的知识和使用技巧。本书的主要特点有：

（1）循序渐进，查阅方便

按照初学者的最佳学习顺序进行讲解，浅显易懂，知识讲授与示例解析相结合，使读者看得明白、学得快捷。同时，设计了详细的纲目，在方便读者系统学习的同时，又适合 Windows 老版本用户作为参考手册随时查阅，以便快速掌握新版本的各项功能和技巧。

（2）恰当配图，快速上手

本书采用图示的方式，关键操作步骤均配有对应的插图和注释，并对图像进行大量的剪切、拼合、加工，以便读者在学习中能够直观清晰地看到操作的过程和效果，阅读体验轻松、学习轻松自如。

（3）紧贴实际，实例教学

教材内容的选取体现了学以致用的思想；设计上充分考虑认知规律和学习特点；理论上做到"精讲、少讲"；操作上做到"仿练、精练"，强调知识技能的体验和培养。

（4）系统全面，超值实用

本书在关键知识点处提供恰当实例，通过实例操作讲解 Windows 10 的使用方法。每章穿插大量提示、扩展、技巧等小贴士，构筑面向实际应用的知识和技能体系。本书实例丰富、技巧众多、实用性强，可随学随用，显著提高工作效率。同时，在传授知识的同时教会读者学习的方法，使读者能够巧学活用。

本书内容全面、讲解细致、图文并茂，适合初学 Windows 10 操作系统的用户使用，也适合 Windows 7 及之前的用户快速适应新版本的需要，又适合有一定操作经验的办公人员提高办公技能，同时可作为大中专院校学生的计算机普及教材。

本书由丁爱萍主编，参加编写的人员有李海翔、许镭、蒋晓絮、彭战松、贾红军、殷莺、蒋咏絮、高欣、张校慧、杜鹃、李伟娟、张瑞青、徐博文、魏增辉、孙利娟、麻德娟、丁惠玥、李群生、马志伟等。由于编者水平有限，书中难免出现疏漏和不足之处，望广大读者批评指正。

编 者
2017 年 10 月

C目 录
CONTENTS

第 1 章

Windows 10 概述

2015 年 7 月美国微软公司发布了新一代跨平台及设备应用的操作系统 Windows 10。该版本在易用性、安全性等方面更优秀，是目前最优秀的操作系统之一。本章介绍 Windows 10 的新功能和安装方法。

1.1 Windows 10 版本介绍

Windows 10 操作系统面向 PC 端和移动端，共有 7 个版本，即家庭版、专业版、企业版、教育版、移动版、移动企业版和物联网核心版。各版本的功能见表 1-1。

表 1-1　Windows 10 的 7 个版本

版本	功　　能
家庭版 Home	Cortana 语音助手、Edge 浏览器、面向触控屏设备的 Continuum 平板电脑模式、Windows Hello（脸部识别、虹膜、指纹登录）、串流 Xbox One 游戏的能力、微软开发的通用 Windows 应用（Photos、Maps、Mail、Calendar、Groove Music 和 Video）、3D Builder
专业版 Professional	以家庭版为基础，增添了管理设备和应用，保护敏感的企业数据，支持远程和移动办公，使用云计算技术。另外，它还带有 Windows Update for Business，微软承诺该功能可以降低管理成本、控制更新部署，让用户更快地获得安全补丁软件
企业版 Enterprise	以专业版为基础，增添了大中型企业用来防范针对设备、身份、应用和敏感企业信息的现代安全威胁的先进功能，供微软的批量许可客户使用，用户能选择部署新技术的节奏，其中包括使用 Windows Update for Business 的选项
教育版 Education	以企业版为基础，面向学校职员、管理人员、教师和学生。它将通过面向教育机构的批量许可计划提供给客户，学校将能够升级 Windows 10 家庭版和 Windows 10 专业版设备
移动版 Mobile	面向尺寸较小、配置触控屏的移动设备，例如智能手机和小尺寸平板电脑，集成有与 Windows 10 家庭版相同的通用 Windows 应用和针对触控操作优化的 Office。部分新设备可以使用 Continuum 功能，因此连接外置大尺寸显示屏时，用户可以把智能手机用作 PC
移动企业版 Mobile Enterprise	以 Windows 10 移动版为基础，面向企业用户。它将提供给批量许可客户使用，增添了企业管理更新，以及及时获得更新和安全补丁软件的方式
物联网核心版 Windows 10 IoT Core	面向小型低价设备，主要针对物联网设备

本书主要介绍 Windows 10 PC 端家庭版的使用方法。

1.2 Windows 10 新功能

与以往的操作系统不同，Windows 10 是一款跨平台的操作系统。它能够同时运行在台式机、平板电脑、智能手机和 Xbox 等平台中，为用户带来统一的体验。Windows 10 中主要包含的全新和改进的功能如下。

1. 开始菜单的演变

微软在 Windows 10 中为用户带来了期待已久的"开始"菜单功能，并且将其传统元素与 Windows 8 中的 Modern 元素相结合。

点击屏幕左下角的"Windows"键打开"开始"菜单后，如图 1-1 所示，不仅会在左侧看到包含系统关键设置和应用程序列表，还会在右侧看到标志性的动态磁贴。用户可以将"开始"菜单拖动到一个更大的尺寸，甚至将其设置为全屏。

图 1-1　Windows 10 "开始"菜单

2. 整合虚拟语音助理 Cortana

Windows 10 中引入了 Windows Phone 的小娜语音助手 Cortana。用户可以通过它搜索自己想要访问的文件、系统设置、已经安装的应用程序、从网页中搜索结果及一系列其他的信息。

在 Windows 10 中，Cortana 还能够为用户设置基于时间和地点的备忘提醒，例如，"提醒明天 10 点开会"。

3. 全新的 Edge 浏览器

为了赶上快速发展的 Chrome 和 Firefox 等浏览器，微软重新撰写浏览器代码，为用户带来更加精益、快速的 Edge 浏览器。全新的 Edge 浏览器虽然尚未发展成熟，但是它的确提供了很多便捷的功能，如整合了 Cortana 及快速分享功能。

虽然微软的 Edge 在很多方面领先于 IE，但仍然在某些地方有所缺失，例如，如果需要运行 ActiveX 控制或者使用类似的插件，就依然需要依赖于 IE 浏览器。因此，IE 11 依然存在于 Windows 10 系统中。

4. 虚拟桌面

如果用户需要对大量的窗口进行重新排列，但是又没有多显示器配置，那么可以利用 Windows 10 的多虚拟桌面功能。

虚拟桌面的管理，可以将不同类型的程序放在不同的桌面，只需切换桌面而无需重新安排程序的窗口，大大提高工作效率。操作非常简单，按住键盘上的 Windows 键，点击"Tab"键，就可以看到当前所有已经打开窗口的预览图，并且在桌面的底部通过不同的方式显示，如图 1-2 所示。

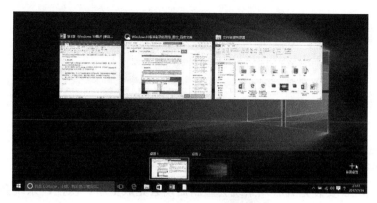

图 1-2　Windows 10 虚拟桌面

如果点击添加桌面，一个空白的桌面便会出现，再打开某个应用程序，那么这个应用就会优先出现在这个桌面上。当然，由于底部任务栏一直常驻，所以也可以在其他页面打开这个应用。这种设计的初衷在于创建更细致化的使用模式。

5. 文件资源管理器升级

Windows 10 的文件资源管理器会在主页中显示常用的文件和文件夹，如图 1-3 所示，让用户可以快速获取自己需要的内容。

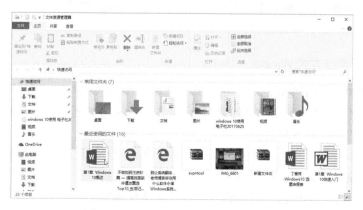

图 1-3　Windows 10 的文件资源管理器

6. 内置 Windows 应用商店

Windows 10 中包括一个全新的 Windows 应用商店，如图 1-4 所示，用户在这里可以下载桌面应用及 Modern Windows 应用。这些应用程序是通用的，能够在 PC、手机、Xbox One

甚至 HoloLens 中运行，而用户界面则会根据设备的屏幕尺寸自动匹配。最常用的 Office 办公套件就是通用应用，例如 Word、Excel、Outlook 等。

图 1-4　Windows 应用商店

7. 自行安排重新启动的时间

在 Windows 10 安装完成后，系统会重新启动去完成更新。以往，系统会通过弹出的窗口告诉用户重启会在多少分钟后进行。在 Windows 10 中，系统会询问希望在多久之后进行重启。

8. 连续性

Windows 10 能够根据运行设备的状态对用户界面进行适配，这一功能在很大程度上方便了变形设备的使用。用户可以在设置菜单中手动切换到新的平板模式，或者是改变变形设备的使用状态，例如移除键盘来达到相同的效果。

在平板模式下，系统界面将更加方便触控操作，原本的任务栏会变得更加简化，只剩 Windows 键、后退键、Cortana 键和任务视图键。此外，所有的窗口也会在全屏模式中运行，不过用户也可以将两个窗口 Snap 在屏幕上并排显示。

9. 生物特征授权方式 Windows Hello

Windows 10 中采用了全新的个性化计算功能——Windows Hello。有了 Windows Hello，用户只需要露一下脸，动动手指，就能立刻被运行 Windows10 的新设备所识别。Windows Hello 比输入密码更加方便，也更加安全。

除了常用的指纹扫描支持之外，Windows 10 还允许用户通过面部或者是虹膜去登录 PC。当然，用户的设备需要具备全新的 3D 红外摄像头来获取到这些新功能。当前，只有少数华硕、惠普和戴尔的笔记本电脑及联想的一体机具备这种 3D 红外摄像头功能。

10. 图形 API——DirectX 12

Windows 10 带来了最新版本的图形 API（应用程序编程接口）——DirectX 12，它具备重大的性能改进，并且依旧能够对许多现有的显卡提供支持。DirectX 12 不仅对于游戏玩家来讲是好消息，它还能加速其他的图形类应用（例如 CAD）。

11．手机伴侣

Windows 10 包含对手机进行快速设置的新应用。用户可以在 PC 上设置好自己所使用的微软服务，比如 Cortana、Skype、Office 和 OneDrive 等，然后插入手机进行数据和信息的同步。例如可以插入 iPhone，然后将其中的照片备份到 OneDrive 中，也可以在 Android 手机中欣赏自己的 Xbox Music 专辑。

1.3　安装 Windows 10

安装 Windows 10 的方法很简单，下面进行详细介绍。

1.3.1　安装 Windows 10 的基本配置需求

Windows 10 的基本配置需求如下。

处理器：1.0GHz 或更快

屏幕：800×600 以上分辨率（消费者版本大于等于 8 英寸；专业版大于等于 7 英寸）

启动内存：2GB 以上（64 位版 x64）；大于 1GB（32 位版 x86）

硬盘空间：大于等于 16GB（32 位版）；大于等于 20GB（64 位版）

图形卡：支持 DirectX 9

以上是安装 Windows 10 系统配置的最低要求。可以看出其对配置要求不高，但是为了获得好的系统使用体验，建议还是配置高一点。比如，在 Windows 7 系统使用流畅的情况下就可以考虑安装 Windows 10 系统。

1.3.2　下载和安装 Windows 10

1．下载 Windows 10 安装工具

如果想要在一台新的计算机上安装 Windows 10，可以使用微软官方的安装工具。

① 在微软官方网站 https：//www.microsoft.com/zh-cn/software-download/windows10 可以下载 Windows 10 安装工具。

② 下载完毕后，运行该程序，选择接受条款。

③ 在"你想执行什么操作？"页面，由于我们要在新的计算机安装全新的 Windows 10，选择"为另一台电脑创建安装介质"，然后单击"下一步"按钮，如图 1-5 所示。

④ 在"选择语言、体系结构和版本"页面中，取消"对这台电脑使用推荐的配置"选项，选择想要安装的 Windows 10 版本，然后单击"下一步"按钮。

⑤ 在"选择要使用的介质"页面中，选择将安装程序保存在何种介质，如图 1-6 所示，本例中选择 U 盘，亦可选择 ISO 文件之后刻录到一张光盘上。然后单击"下一步"按钮。

⑥ 选择插入的 U 盘，单击"下一步"按钮。此时将开始下载安装文件，由于 Windows 10 安装文件容量较大，所以需要一定时间。

⑦ 等待下载完毕后，单击"下一步"按钮直到关闭程序。此时 Windows 10 安装程序已经准备完毕。

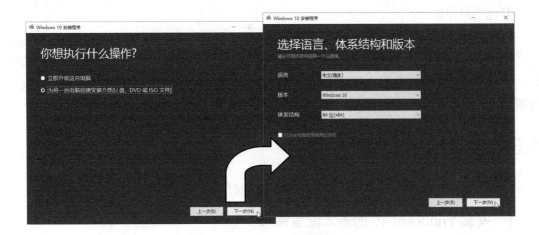

图 1-5　选择"为另一台电脑创建安装介质"

图 1-6　"选择要使用的介质"页面

2. 安装 Windows 10

① 在想要安装 Windows 10 的计算机上插入刚才的 U 盘,启动 U 盘后自动读取存储在 U 盘的系统启动信息,出现"Windows 安装程序"窗口,在"要安装的语言"、"时间和货比格式"、"键盘和输入方法"选项中都以默认方式,直接单击"下一步"按钮。

② 单击"现在安装"按钮,如图 1-7 所示。注意,左下角的"修复计算机"选项是用于对已安装 Windows 10 操作系统进行系统修复的。另外,如果出现鼠标无法使用,请更换无须驱动的鼠标或无线鼠标。

③ 在"许可条款"中浏览了解相关事项,选中"我接受许可条款",然后单击"下一步"按钮。

④ 在选择 Windows 安装类型中,Windows 10 和以前的 Windows 版本一样提供了"升级"安装和"自定义"安装两种安装方式。"升级"安装在保留 Windows 设置的前提下直接升级,"自定义"安装则是完全重新安装新的系统。在此选择"自定义"安装,如图 1-8 所示。

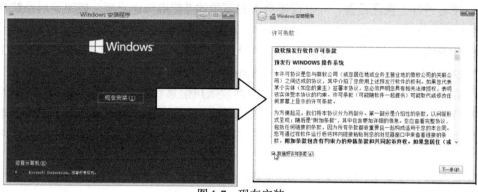

图 1-7　现在安装

⑤ 接下来在 "你想将 Windows 安装在哪里" 中，进行主分区选择。因为 Windows 10 操作系统需要安装到主分区，不能安装至逻辑分区，所以选择你的系统分区后单击 "格式化"，格式化完毕单击 "下一步" 按钮。

⑥ 接着进行安装 Windows，如图 1-9 所示，这个过程可能需要一段时间，请耐心等待。成功完成安装后会自动重启计算机，重启完毕进入正在准备设备过程。

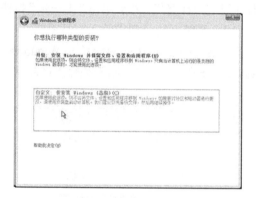

图 1-8　"自定义" 安装

图 1-9　正在安装 Windows

3. 设置 Windows 10

① 安装主要步骤完成之后进入后续设置阶段，首先就是要输入产品密钥（如果安装开始时输入过，则不显示该界面），如图 1-10 所示，输入后单击 "下一步" 按钮继续。

图 1-10　输入产品密钥

② 接着进行个性化设置，可以直接单击右下角的"使用快速设置"按钮使用系统默认设置，也可以单击"自定义设置"来逐项安排。建议使用"快速设置"。

③ 接着选择当前设备的归属，如果是个人用户，选择"我拥有它"；企业和组织用户可选择"我的组织"，然后单击"下一步"按钮继续。

④ 在"个性化设置"页面中，输入你的微软账户信息后登录 Windows 10。如果没有微软账户，可以单击屏幕中间的"创建一个"，也可以单击左下方"跳过此步骤"来使用本地账户登录。使用本地账户创建页面时，填写用户名并且设置密码和密码提示后（必填），单击"下一步"按钮即可。

⑤ 设置账户信息后，进入相关设置流程，包括从应用商店获取应用等步骤，这些步骤由系统自动完成。

⑥ 成功完成后进入 Windows 10 系统桌面，至此 Windows 10 成功安装完毕。

1.3.3　升级 Windows 10

① 运行已经下载的安装工具。

② 在许可条款页面上，选择接受许可条款。

③ 在想要执行什么操作的页面上，选择立即升级这台计算机，然后单击"下一步"按钮。

④ 接着开始下载并安装 Windows 10。安装期间，系统可能会要求输入产品密钥。如果你没有安装 Windows 10 所需的许可并且之前并未升级到 Windows 10，则可购买 Windows 10 的副本。如果你之前已在本 PC 上升级到 Windows 10 且正在重新安装，则无须输入产品密钥，Windows 10 副本稍后将使用你的数字许可自动激活。

⑤ 在准备好安装 Windows 10 时，系统将显示所选内容以及在升级过程中要保留的内容的概要信息。在此，选择要保留的内容，以设置在升级过程中是要保留个人文件和应用、仅保留个人文件还是不保留任何内容。

⑥ 保存并关闭正在运行的任何打开的应用和文件，在做好准备后选择安装。

⑦ 安装 Windows 10 需要一些时间，计算机将重启几次。确保不要关闭计算机。

提示：

① 存储空间较小的设备，如只有 32GB 硬盘的设备或硬盘已满的较旧设备，需要额外的存储空间才能完成升级。在升级期间，将看到指导如何操作的说明。可能需要删除设备中不需要的文件，或者插入 USB 闪存驱动器以完成升级。

② 一些可用空间较小或硬盘空间较小的设备，在升级后可用空间可能已所剩无几。可以在"存储"系统设置中删除临时文件或者先前的 Windows 版本以释放磁盘空间。Windows 先前版本的文件的作用是让你能够选择删除 Windows 10 并恢复先前的 Windows 版本。这些文件在升级一个月后将自动删除。为了释放空间，也可以立即删除这些文件。

1.4　计算机的启动与登录

日常情况下，如果需要使用计算机，首先应先启动计算机。启动计算机就是在计算机没有打开电源的情况下，将计算机电源打开，引导操作系统，以便可以在操作系统下操作计算机。

正确启动计算机的步骤为：

① 按下显示器的电源开关，此时显示器上的指示灯亮。

② 按下主机箱上的电源开关，此时主机箱上的指示灯亮，并能听到机箱中风扇的响声。

③ 计算机自动引导 Windows 10 操作系统，然后显示欢迎界面，如图 1-11 所示，按键盘上的任意键或者单击鼠标。

图 1-11　Windows 10 欢迎界面

④ 在弹出的登录界面中，输入该账户的登录密码，按 Enter 键确认或单击密码框右端的箭头按钮➡提示进入下一步操作。Windows 10 可使用两种类型的登录账户，分别是本地账户和 Microsoft 账户。

密码验证通过后，Windows 10 进入系统桌面，如图 1-12 所示，表示计算机启动完成。

009

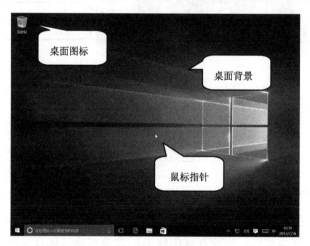

图 1-12　Windows 10 桌面

提示：如果设置有多个用户账户，需先单击账户名称选择登录账户，然后输入密码。如果没有设置账户的登录密码，则直接自动进入 Windows 10 的桌面。

1.5　初识 Windows 10 桌面

桌面是打开计算机并登录到 Windows 之后看到的主屏幕区域，如图 1-12 所示。桌面就像平时使用的桌子台面一样，桌面上可以放置桌面背景、桌面图标。在 Windows 中，桌面是各种操作的起点，所有的操作都是从桌面开始的，所以认识桌面是操作 Windows 的第一步。

桌面通常是指任务栏以上的部分，包括桌面背景和桌面图标。打开的程序或文件夹窗口会出现在桌面上。还可以将一些项目（如程序、文件等）放在桌面上，并且随意排列它们。

1.5.1 桌面背景

桌面背景也称壁纸、桌布，可以是一幅画，或者纯色背景。Windows 10 默认的桌面背景如图 1-12 所示，可以把自己喜欢的图片设置为桌面。设置桌面背景的方法后面将详细介绍。

1.5.2 桌面图标

桌面图标是代表文件、文件夹、程序和其他项目的小图片，由图标和对应的名称组成。默认情况下 Windows 10 在桌面上只有"回收站"图标 。在使用计算机的过程中，可以根据自己的需要在桌面上添加自己常用的图标。

桌面图标分为系统图标和快捷方式图标，如图 1-13 所示。

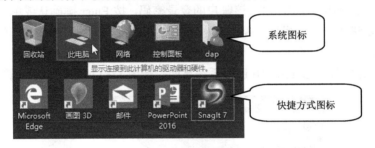

图 1-13　桌面图标

1．系统图标

系统图标是指 Windows 系统自带的图标，包括"回收站""此电脑""网络""控制面板"和"用户的文件"五个。将鼠标指针放在系统图标上，会显示该图标的功能说明。

2．快捷方式图标

快捷方式图标是指用户自己创建的或应用程序自动创建的图标，快捷方式图标的左下角有一个箭头 。将鼠标指针放在快捷方式图标上，会显示该快捷方式图标对应文件的位置。

双击桌面图标可以打开应用程序或功能窗口。

桌面图标的添加、删除等操作，后面将详细介绍。

1.5.3 任务栏与"开始"按钮

任务栏是位于屏幕底部的水平长条，如图 1-14 所示。

"开始"按钮 位于任务栏的最左端，用鼠标单击"开始"按钮 ，或者按键盘上的 Windows 键 ，将弹出"开始"菜单和"开始"屏幕。

"开始"菜单左侧依次是用户账户头像、常用的应用程序列表以及快捷选项；右侧是"开始"屏幕，由多个磁贴组成。

图 1-14　"开始"菜单

提示：若要关闭"开始"菜单，用鼠标再次单击"开始"按钮⊞，或者单击"开始"菜单之外的区域，或者再次按 Windows 键🪟，或者按 Esc 键。后面将详细介绍"开始"菜单的使用。

1.6　睡眠、重启与关机

在"开始"菜单的"电源"中，有 3 个选项：睡眠、关机与重启，如图 1-15 所示。

图 1-15　"开始"菜单中的电源选项

1.6.1　睡眠

睡眠是计算机处于待机状态下的一种模式。可以节约电源，省去繁琐的开机过程，增加计算机使用的寿命。

在计算机进入睡眠状态时，显示器将关闭，通常计算机的风扇也会停转，计算机机箱外侧的一个指示灯将闪烁或变黄。因为 Windows 将记住并保存正在进行的工作状态，因此在睡眠前不需要关闭程序和文件。

计算机处于睡眠状态时，耗电量极少，将切断除内存外其他配件的电源。工作状态的数据将保存在内存中。

若要唤醒计算机，可以通过按计算机电源按钮恢复工作状态。但是，并不是所有的计算机都一样。多数可以通过按键盘上的任意键、单击鼠标按钮或打开便携式计算机的盖子来唤醒计算机。

1.6.2　重启

重新启动是指在计算机使用的过程中遇到某些故障、改动设置、安装更新等时，而重新引导操作系统的方法。

由于重新启动是在开机状态下进行的，重新启动的方法是在 Windows 的"开始"菜单的"电源"中，单击"重启"按钮，则计算机会重新引导 Windows 10 操作系统。

1.6.3　关机

在使用计算机后，接下来长时间不使用计算机时，应该将计算机关掉，以节省电能，并延长计算机硬件的寿命。

1. 正常关闭计算机

关闭计算机前，最好先关闭 Windows 桌面上打开的窗口，然后再执行关机操作。Windows 10 的关机方法有下面几种。

① 采用下面任何一种方法关机，效果相同。

a. 使用"开始"菜单关机。单击"开始"按钮 ⊞，单击"电源"按钮，在电源选项中单击"关机"按钮。

b. 使用计算机电源开关关机。在 Windows 10 的电源管理中，默认设置按下计算机电源按钮（Power 按钮）即可自动关闭计算机。

c. 使用 Windows 键 ⊞ +X 组合键关机。在打开的快捷菜单中单击"关机或注销"，在子菜单中选择"关机"项。

d. 按快捷键 Ctrl+Alt+Delete 显示功能界面，单击右下角的电源按钮 ⏻，在弹出选项中单击"关机"按钮。

② 屏幕显示提示"正在关机"，稍后自动关闭主机电源。

③ 按下显示器上的电源开关按钮，关闭显示器。

④ 关闭电源插座或插线板上的电源开关，或者把主机电源插头、显示器电源插头，从插座或插线板上拔出。

2. 强制关闭计算机

在使用计算机时，会遇到开启某程序后计算机太卡，鼠标指针无法移动，不能进行任何操作，这就是所谓的"死机"。此时，无法通过"开始"菜单正常关机，此时就需要强制关闭计算机。

按下机箱电源开关（主机前面的 Power 按钮）不放，几秒种后待主机电源关闭后，再松开主机电源开关。如果这种方法也无法关机，则直接关闭电源插座或插线板上的电源开关，或拔掉插线板上的电源插头，对于笔记本电脑则拔出电池。

提示：如果打开的窗口比较多，设置的操作环境比较复杂，在离开一段时间时，建议采用"睡眠"代替"关机"，这样可以快速恢复到睡眠前的状态，避免一系列的打开程序、设置工作环境的操作。

习 题 1

1. 你以前使用的 Windows 操作系统是什么版本? 试说出两处以上与 Windows 10 在功能上的区别。

2. 启动 Windows 后, 出现在屏幕上的整个区域是什么?

3. 计算机睡眠模式的主要作用是什么?

4. 正确的关机方式是什么? 为什么要正确关机。

5. 启动计算机, 根据自己的理解说说操作系统的功能和作用。

第 2 章

Windows 10 基本操作

打开计算机并登录到 Windows 之后，用户首先是在桌面上进行操作。本章介绍桌面操作的基本知识和方法。

2.1 管理 Windows 桌面图标

桌面图标是桌面上重要的组成部分，桌面图标分为系统图标和快捷方式图标。双击桌面图标可以开启应用程序或功能窗口。打开程序或文件夹时，它们便会出现在桌面上。还可以将一些项目（如文件和文件夹）放在桌面上，并且随意排列它们。

2.1.1 添加系统图标

系统图标是指 Windows 系统自带的图标，包括"回收站""此电脑""网络""控制面板"和"用户的文件"，默认情况下 Windows 10 在桌面上只有"回收站"图标。可以根据需要添加其他系统图标到桌面上，操作方法如下：

① 右键单击桌面上的空白处，在弹出的快捷菜单中单击"个性化"，如图 2-1 所示。

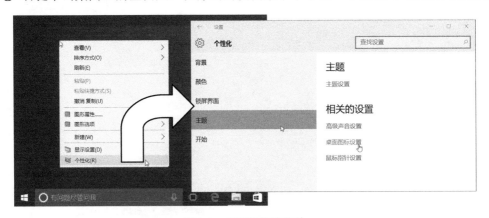

图 2-1　桌面的快捷菜单

② 在弹出的"设置-个性化"窗口中，在左侧窗格中单击"主题"，在右侧窗格单击"桌面图标设置"。

③ 在弹出的"桌面图标设置"对话框中，默认选中"回收站"复选框，根据需要选择或

取消复选框，这里选中全部复选框，如图 2-2 所示，然后单击"确定"按钮。此时即可在桌面上显示添加的系统图标。

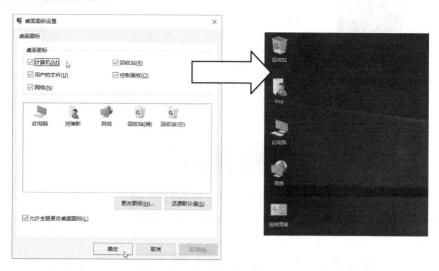

图 2-2　"桌面图标设置"对话框

2.1.2　在桌面上创建快捷方式

快捷方式图标是表示与某个项目链接的图标，而不是项目本身。双击快捷方式便可以打开该项目。在桌面上新建快捷方式的方法为：

① 鼠标右键单击桌面，在弹出的快捷菜单中单击"新建"，显示"新建"子菜单，如图 2-3 所示。

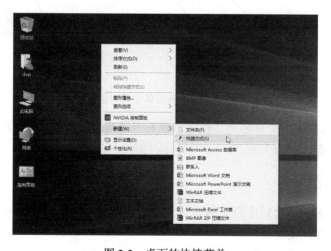

图 2-3　桌面的快捷菜单

"新建"子菜单中列出了可以创建的项目，包括"文件夹""快捷方式""BMP 图像""文本文档"等，可以在桌面上创建文件和文件夹，也可以在桌面上创建文件和文件夹的快捷方式。

下面在桌面上创建一个"C：\Users\dap\Pictures"文件夹的快捷方式，单击"快捷方式"。

② 在弹出的"创建快捷方式"向导对话框中，如图 2-4 所示，单击"浏览"按钮。

图 2-4　"创建快捷方式"向导对话框

③ 在"浏览文件或文件夹"对话框中，选择文件或文件夹（如"图片"文件夹），单击"确定"按钮。

④ 返回到"创建快捷方式"向导对话框中，可以看到已经显示选定的对象位置，如图 2-5 所示。如果要重新选择，可单击"浏览"按钮；如果正确，则单击"下一步"按钮。

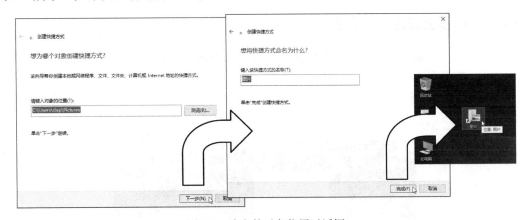

图 2-5　选定的对象位置对话框

⑤ 接着显示为快捷方式命名对话框，一般不用修改，单击"完成"按钮。创建后的快捷方式图标的左下角有一个箭头 。

2.1.3　排列桌面图标

可以通过将其图标拖动到桌面上的新位置来移动图标，也可以按名称、大小、项目类型或修改时间来自动排列桌面图标。

自动排列桌面图标的方法如下：

① 在桌面上的空白处用鼠标右键单击，在快捷菜单中单击"排序方式"。

② 在子选项中，选择排序方式。如图 2-6 所示，选择"项目类型"后，桌面上的图标都按"项目类型"的顺序排列。

图 2-6　自动排列桌面图标

017

2.1.4　删除桌面图标

删除桌面快捷方式，只是删除这个快捷方式，而不是删除原始项目。如果删除在桌面上创建的文件或文件夹，则是真的删除了该文件或文件夹。

有以下 3 种方式删除桌面快捷方式。

（1）通过右键快捷菜单删除快捷方式

① 在桌面上，右键单击要删除的快捷图标，例如"图片"图标，从快捷菜单中单击"删除"，如图 2-7 所示。也可以不打开快捷菜单，直接按键盘上的 Delete 键。

② 双击桌面上的"回收站"图标打开"回收站"窗口，如图 2-8 所示，可以看到已经删除的"图片"快捷方式。

图 2-7　删除快捷方式

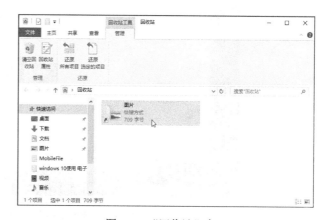

图 2-8　"回收站"窗口

在"回收站"窗口中，选中要还原的图标（例如"图片"），单击工具栏上的"还原选定的项目"，此时在桌面上可看到还原的图标。

（2）把要删除的桌面图标拖到"回收站"图标上

最直观的删除桌面图标的方法是：拖动要删除的图标到"回收站"图标上，当显示"移动到回收站"提示时，如图 2-9 所示，松开鼠标按钮。

（3）彻底删除桌面图标

用上述方法删除的桌面图标都先暂存在回收站中，如果要彻底删除，则需要在回收站中删除。

另外，也可以通过下面两种方法直接彻底删除。

① 选中要删除的图标，在同时按下 Shift+Delete 组合键，在弹出的"删除快捷方式"对话框中，如图 2-10 所示，单击"是"按钮。

图 2-9　拖动图标到回收站　　　　　　　图 2-10　　"删除快捷方式"对话框

② 按下 Shift 键不放，拖动桌面图标到"回收站"中，此时将直接删除，并且不显示删除对话框。

2.1.5　窗口在桌面上的贴靠

在 Windows 10 的桌面上，除了可以把任务窗口拖动到任意位置外，还可以使用贴靠功能来快速布置窗口。Windows 10 桌面的贴靠点，如图 2-11 所示。

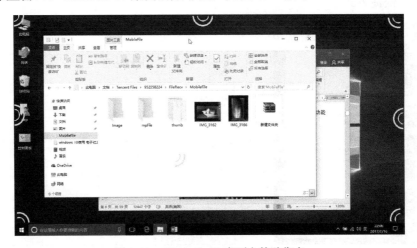

图 2-11　Windows 10 桌面上的贴靠点

1．用鼠标贴靠窗口

（1）左侧贴靠点

① 拖动窗口标题栏到左侧贴靠点，贴靠点会出现波纹。

② 松开鼠标，则窗口将在桌面左半区域固定，同时其他窗口被挤到右侧，如图 2-12 所示。

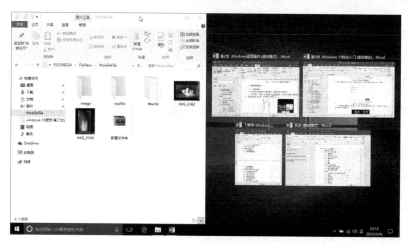

图 2-12　左侧贴靠

提示：单击桌面右半区域，其他窗口恢复大小。

（2）右侧贴靠点

拖动窗口标题栏到右侧贴靠点，则窗口将在桌面右半区域固定。

（3）左上、左下、右上、右下贴靠点

拖动窗口标题栏到贴靠点，窗口将按 1/4 大小贴靠到相应位置。

（4）上贴靠点

拖动窗口标题栏到上贴靠点，窗口将最大化。

提示：把贴靠后的窗口拖离贴靠点后，窗口将恢复原来大小。

2. 使用快捷键贴靠窗口

使用快捷键贴靠窗口更方便。

① 按键盘上的 Windows 键+←、→键，则窗口左、右侧贴靠。

② 按键盘上的 Windows 键+↑、↓键，则窗口变为 1/4 大小放置在屏幕的 4 个角落。

2.2　任务栏

任务栏是位于屏幕底部的水平长条，如图 2-13 所示。与桌面不同的是，桌面可以被打开的窗口覆盖，而任务栏几乎始终可见。

图 2-13　任务栏

019

2.2.1 "开始"按钮、"开始"菜单和"开始"屏幕

1. "开始"按钮

用鼠标单击任务栏上的"开始"按钮⊞，或者按键盘上的 Windows 键⊞，将弹出"开始"菜单。

若要关闭"开始"菜单，用鼠标再次单击"开始"按钮⊞，或者单击"开始"菜单之外的区域，或者再次按 Windows 键⊞，或者按 Esc 键。

2. 打开"开始"菜单

"开始"菜单是计算机程序、文件夹和设置的主要入口，其"开始"的含义，是因为它通常是用户要启动或打开某项内容的位置。

Windows 10 的"开始"菜单由"开始"列表和"开始"屏幕组成，如图 2-14 所示。

图 2-14　"开始"菜单

（1）"开始"列表

包括用户账户、最近使用的程序区、系统功能区等重要的功能菜单选项，适合 PC 的鼠标操作。

① 用户账户区：显示登录的当前用户账户名称，可以是本地账户，也可以是 Microsoft 账户。单击用户账户区可以锁定、注销、更改账户设置。

② 最常用区：列出了最近常用的一部分程序列表和刚安装的程序，单击它可快速启动常用的程序。

提示：有些程序名后带有"显示跳转列表"按钮▷，单击该按钮打开跳转列表，单击文档名可在打开该程序的同时打开文档。单击文档名右端的按钉图标⊟，可把该文档固定到跳转列表中的固定区中。

③ 系统功能区：包括文件资源管理器、设置、电源、所有应用。单击"所有应用"可显示所有安装在 Windows 10 中的应用程序列表。应用程序以名称中的首字母或数字升序排列，单击排序字母可以显示排序索引，通过索引可以快速查找应用程序。

（2）"开始"屏幕

Metro 风格的"开始"屏幕，显示常用的磁贴，主要是方便平板触屏操作。微软有意将桌面端和移动端操作系统统一，以减少用户的学习成本。

3．"开始"屏幕的操作

"开始"屏幕区中的图形方块称为磁贴或动态磁贴，其功能类似快捷方式，不同的是磁贴中的信息是活动的，显示最新的信息。例如，Windows 10 自带的新闻资讯应用程序，会自动在磁贴上滚动显示关注的新闻资讯，而不用打开应用程序。

（1）改变"开始"屏幕区的列宽

如果是全新安装的 Windows 10，则"开始"屏幕区中的磁贴默认显示两列；如果采用升级安装的 Windows 10，则"开始"屏幕区中的磁贴默认显示一列。

用鼠标在"开始"菜单中的"开始"屏幕区右边沿拖动，可以改变"开始"屏幕区的列宽，如图 2-15 所示。

图 2-15　改变"开始"屏幕区的列宽

（2）添加磁贴

若要向"开始"屏幕中添加磁贴，可以在"开始"菜单区中的列表项目上或者打开"所有应用"，右键单击并在弹出的快捷菜单中单击"固定到'开始'屏幕"，如图 2-16 所示。

图 2-16　添加磁贴

（3）命名磁贴组名

系统默认两组磁贴，即生活动态、播放和浏览。用户添加的磁贴将放入新组中，如图 2-17 所示，单击磁贴组标题栏，在文本框中更改组名。

图 2-17   命名磁贴组名

（4）磁贴的操作

① 在"开始"屏幕中，单击某个磁贴，将启动相应程序，打开该程序窗口。

② 右键单击磁贴，在打开的快捷菜单中可对该磁贴进行操作，如图 2-18 所示。包括从 "开始"屏幕取消磁贴、更改磁贴的大小、关闭动态磁贴、卸载程序、固定至任务栏等。

图 2-18   磁贴的操作

③ 磁贴默认有 4 种大小显示方式，即小、中、宽、大。

④ 拖动"开始"屏幕中的磁贴，可将其移至"开始"屏幕中的任意位置或分组。

4．"所有应用"的操作

在"开始"菜单列表中的应用是按数字（0～9）、字母（A～Z）、拼音（拼音 A～拼音 Z） 的顺序升序排列的。

如果要快速跳转到某应用程序，单击任意一个字母，如图 2-19 所示。应用列表将切换为 一个数字、首字母、拼音的索引列表，只需单击应用程序的首数字、首字母、首拼音，就可 跳转到该索引组。

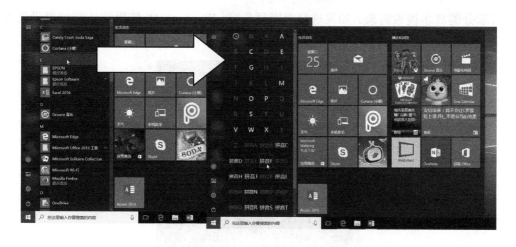

图 2-19 应用索引列表

所有应用中的列表有两种形式:

① 一种是程序名,单击程序名则运行该程序,打开该程序窗口,"开始"菜单自动关闭。

② 另一种是文件夹,文件夹名前面的图标显示为▢,名称后边有图标✓,单击✓则展开菜单,同时图标变为△,如图 2-20 所示,单击其中的程序名则运行该程序,"开始"菜单自动关闭。

图 2-20 所有应用中的列表

2.2.2 搜索栏

搜索栏是 Windows 10 任务栏上新增的功能,可以搜索本地计算机中的文件,或互联网中的信息。

1. 热门搜索

单击搜索框或按 Windows 键⊞+S 键,将打开搜索主页🏠,显示热门搜索,如图 2-21 所示。单击热门搜索中的链接,将打开浏览器,显示微软必应搜索引擎找到的内容。

2. 搜索内容

在搜索框中输入搜索内容,搜索位置有"我的资料"和"网页"两种。在搜索框中输入关键词后,默认选择"我的资料",Windows 10 按照文件、文件夹、应用、设置、图片、视频、音乐分类显示搜索对象。如果选择"网页",则 Windows 10 使用默认浏览器设置进行搜索。

图 2-21　显示热门搜索

例如,在搜索栏中输入"黄河水利",在搜索栏上方将默认显示本地计算机中的相关信息,"最佳匹配"中会显示最接近的名称,包括应用程序、文档文件等,如图 2-22 所示。如果单击"网页",将打开浏览器,在必应搜索引擎中进行搜索。

图 2-22　用搜索栏查找本地计算机或互联网

3．搜索应用程序

通过搜索栏也可以打开应用程序,例如,输入"QQ"打开 QQ 程序,输入"控制面板"、Word 等来打开应用程序。

提示:单击"语音"按钮，可以开启 Cortana(小娜)功能,后面将详细介绍。

2.2.3　任务视图

Windows 10 任务栏上新增了一个"任务视图"按钮，它是多任务和多桌面的入口。单击该按钮,可以预览当前计算机所有正在运行的任务程序,可以在打开的多个软件、应用、文件之间快速切换,还可以在任务视图中新建桌面,将不同的任务程序"分配"到不同的"虚拟"桌面中,从而实现多个桌面下的多任务并行处理。

单击任务栏上的"任务视图"按钮，在打开的"任务视图"界面中,将列出当前计算机中运行的所有任务，如图 2-23 所示。

图 2-23　任务视图

任务视图中常用的操作如下：

① 将鼠标指针移动到某缩略图窗口上，单击关闭 ╳，可以关闭一个或多个任务。

② 单击对应的缩略图任务窗口，可以使该任务变成当前活动状态。

③ 单击界面右下角的"新建桌面"按钮，此时将创建一个新的桌面。利用此方法可以同时创建多个桌面。所有桌面将使用同一个桌面设置风格。

④ 当存在多个桌面时，可以将其中一个桌面中的任务程序转移到其他桌面中，方法为：鼠标拖动桌面上显示的任务缩略图，到桌面缩略图中，如图 2-24 所示；或者右击要转移的任务程序名，从其右键快捷菜单中选择"移动到"，再单击"桌面 x"。

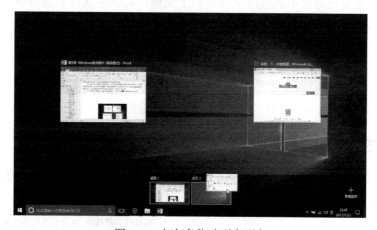

图 2-24　把任务拖动到桌面中

⑤ 当有多个桌面时，单击桌面缩略图的"关闭"按钮 ╳ 可以删除多余的桌面。

提示：使用快捷键可以使操作更加迅速，常用的快捷键如下：

按 Alt+Tab 组合键，切换窗口；

按 Windows⊞+Tab 组合键，显示任务视图；

按 Windows⊞+Ctrl+D 组合键，新建虚拟桌面；

按 Windows⊞+Ctrl+F4 组合键，关闭当前虚拟桌面；

按 Windows⊞+Ctrl+←、→组合键，切换虚拟桌面。

2.2.4 快速启动区

快速启动区是把常用的应用程序或位置窗口的快捷方式固定在任务栏中的区域。

快速启动区中的快速启动按钮是启动应用程序最快捷、方便的方法，只需单击快速启动区中的按钮，就能启动该应用程序。默认有 3 个快速启动按钮，分别是 Edge 浏览器、文件资源管理器和应用商店。

另外，任务栏像桌面一样，可以放置多个快捷方式图标。

1. 把程序固定到任务栏

可以把经常使用的程序固定到任务栏。如果要把"开始"菜单、桌面上或者活动任务中的程序固定到任务栏，只需用鼠标右键单击该程序，单击快捷菜单中的"更多"中的"固定到任务栏"，如图 2-25 所示。

图 2-25　把程序固定到任务栏

2. 从任务栏取消固定的程序

如果要把固定到任务栏中的程序从任务栏上去掉，可以用鼠标右键单击该图标，从快捷菜单中单击"从任务栏取消固定"，如图 2-26 所示。

图 2-26　从任务栏取消固定的程序

2.2.5 活动任务区

每当打开或运行一个窗口时，在任务栏活动按钮区中就会显示一个对应的任务按钮图标，如图 2-27 所示。快速启动区中的图标与活动任务栏中的图标，没有区域划分。

图 2-27　执行应用程序后的任务栏

1. 切换任务窗口

打开的程序、文件夹或文件，都会在任务栏上显示对应的任务栏按钮。

启动后的任务按钮下方有一条明亮的下划线，而未启动的快捷方式图标则没有。当前活动的任务按钮是点亮的。如果某应用程序打开了多个窗口，则该任务栏按钮下方的下划线是两段，当前活动的按钮右侧会出现层叠的边框。

如果一个打开的窗口位于多个打开窗口的最前面，可以对其进行操作，则称该窗口是活动窗口。活动窗口的任务按钮突出（点亮）显示。

若要切换到另一个窗口，有两种操作方法：

① 在任务栏上，单击需要切换到的任务栏按钮。例如，在图 2-28 中，单击"文件资源管理器"的任务栏按钮会使其窗口位于前面。

② 按 Alt+Tab 组合键不松开，打开任务窗口，如图 2-28 所示，继续按 Alt+Tab 组合键选择，或者单击鼠标选择。

图 2-28　任务窗口

2．预览打开的窗口

若要轻松地预览窗口，把鼠标指针移至该任务栏按钮图标上，与该图标关联的所有打开窗口的缩略图预览都将出现在任务栏的上方。

例如，已经打开了多个 Word 程序窗口，那么在任务栏中只会显示一个 Word 活动任务栏按钮，鼠标指向该任务栏按钮图标，则显示多个打开的浏览器窗口，如图 2-29 所示。如果希望打开正在预览的窗口，只需单击该窗口的缩略图。

图 2-29　预览窗口

3．任务栏按钮的快捷菜单

在任务栏上右击任务栏按钮图标，打开快捷菜单，如图 2-30 所示。

图 2-30　任务栏按钮的快捷菜单

快捷菜单上部显示最近打开的文档名称，单击名称可打开该文档。快捷菜单下部显示程序名（例如"Word 2016"）、将此程序固定到任务栏、关闭窗口。单击程序名可以新建文档。

2.2.6 通知区

通知区是任务栏的一部分，通知区域（也称系统托盘）位于任务栏的最右侧，用于显示在后台运行的应用程序或其他通知，包括一个时钟和一组图标，如图 2-31 所示。

图 2-31 任务栏上的通知区

这些图标表示计算机上某程序的状态，或提供访问特定设置的途径。固定显示的内容是日期和时间、输入法、新通知、扬声器音量等。有些应用程序运行时，会在通知区显示该应用程序的小图标，这样方便用户对应用程序进行控制。

提示：后台程序是指运行后不自动显示其窗口，只是在 Windows 操作系统中运行的应用程序。

把指针指向某图标时，将显示该图标的名称或某个设置的状态。单击通知区域中的图标通常会打开与其相关的程序或设置。

通知区中有几项通用功能，下面将详细介绍。

1. 扬声器/耳机音量

用鼠标指向扬声器图标 将显示计算机的当前音量级别，如图 2-32 所示。

单击扬声器图标 会打开扬声器控件，如图 2-33 所示，拖动滑动块可调节音量大小。单击其他位置，则关闭扬声器控件。

图 2-32 指向扬声器图标

图 2-33 调节音量

2. 日期和时间

"日期和时间"图标始终显示在通知区，把鼠标指针放在通知区上的"日期和时间"图标上，则显示提示信息。

单击"日期和时间"图标，显示本月的详细日历，如图 2-34 所示，单击 、 可向前、向后翻动一个月的日历。

右键单击"日期和时间"图标，在快捷菜单中单击"调整日期/时间"项，将弹出"设置"窗口的"日期和时间"选项卡，如图 2-35 所示，单击"更改"按钮可以很简单地设置日期和时间选项。

图 2-34　显示月历

图 2-35　"日期和时间"选项卡

3. 键盘和语言

通知区有个用于输入文字的图标 **中** 或 **英**，如图 2-36 所示。

图 2-36　通知区中输入文字的图标

单击通知区中的图标 **中**，可以切换到英文输入状态，此时显示图标 **英**；或者用 Ctrl 键+空格键来切换中、英语言。

提示：安装有中文输法后，在图标 **中** 或 **英** 后面有一个切换输入法图标（**M**、**☑**、**ENG** 或其他输入法图标），该图标会根据安装的中文输入法的不同而不同，单击它可以切换不同的输入法；或者按 Windows 键 **⊞**+空格键，打开输入法选项切换输入法。

4. 显示隐藏的图标

如果打开的应用程序比较多，通知区中能够显示的图标数量有限，系统会自动隐藏一些图标。单击"显示隐藏的图标"按钮 **∧**，可以显示隐藏的应用程序图标，如图 2-37 所示，然后再单击需要的图标。

图 2-37　显示隐藏的图标

5. "操作中心"图标

通知区中有一个"操作中心"图标 ，单击它将打开"操作中心"边栏，如图 2-38 所示。Windows 10 的操作中心可以集中显示操作系统通知、邮件通知等信息，以及快捷设置选项。

如果有新通知，通知区中的操作中心图标显示为 ；当单击打开后或没有新通知时，操作中心图标显示为黑底 。也可按 Windows 键 +A 键快速打开操作中心。

图 2-38　操作中心

（1）"操作中心"的组成

操作中心由两部分组成，上方为通知列表，并按类型分类显示。

单击列表中的通知信息可查看信息详情或打开相关应用程序窗口。

用鼠标拖动或触屏自左向右滑动通知信息，可从通知中心将其删除，单击顶部的"全部清除"将清空通知信息列表。

操作中心下方为设置选项，包括平板模式、网络、便笺（OneNote）、所有设置、飞行模式、VPN、节电模式（笔记本或平板计算机）等，单击快捷操作按钮可快速启用或停用无线网络、飞行模式等功能，或打开应用程序（例如便笺）。

单击快捷按钮右上角的"折叠"只显示其中 4 种，单击"展开"可显示全部快捷操作选项。

（2）桌面模式和平板模式

在"操作中心"中，单击"平板模式"将切换到平板显示方式，如图 2-39 所示。再次单击启用的"平板模式"则取消，回到 PC 模式。

由于 Windows 10 是跨平台的操作系统，为了同时适合传统的桌面设备和新型的平板触屏设备，微软设计了两种操作环境，即桌面模式和平板模式。

① 桌面模式也就是 Windows 7 及之前的系统使用的桌面环境，用户通过开始菜单、桌面上的应用程序图标，来打开应用程序。打开的应用程序呈现在桌面上，可以通过任务栏切

换程序，桌面模式适合用鼠标操作。

图 2-39　启用"平板模式"

② 平板模式是 Windows 10 新增的操作环境，适用于触屏显示器计算机、平板计算机以及 Surface 之类的计算机设备。

用户可以在桌面和平板两种模式之间方便切换，在"操作中心"中单击"平板模式"快捷操作按钮，即可快速启用平板模式。如果使用的计算机是 Surface，当分离键盘后，操作系统会自动提示是否启用平板模式。

启用平板模式后，"开始"屏幕全屏显示，应用程序列表自动隐藏，如图 2-40 所示，但可通过屏幕左上角的菜单按钮▤、下方的应用程序按钮▤，显示应用程序列表；使用电源按钮⏻打开电源操作选项。此外，默认情况下任务栏只显示开始按钮▦、后退（上一步）图标⬅、搜索图标（Cortana 图标）◯、多任务图标▭，以及通知区域图标，不显示固定至任务栏和已打开的应用程序图标。同时，通知区域图标间隔变大以适应触屏操作。

图 2-40　平板模式

在平板模式下桌面环境无法使用，"开始"屏幕成为唯一的操作环境，如图 2-41 所示，分别是单击▤或▤按钮显示的"开始"屏幕及应用程序列表。

在平板模式中运行任何应用程序或打开文件资源管理器窗口，其都将全屏显示。在平板模式中打开"日历"，如图 2-42 所示。

图 2-41   "开始"菜单

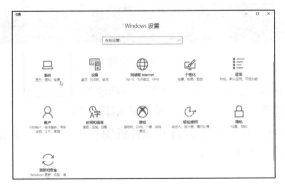

图 2-42   "日历"的全屏显示

在平板模式中,单击"开始"按钮█,可显示"开始"屏幕或返回上一个打开的应用程序;单击后退图标◀,可返回上一步界面;单击多任务图标██,可切换应用程序或关闭应用程序;单击搜索图标(Cortana 图标)◎,可使用 Cortana 个人助理或搜索本地计算机和网络。

平板模式下的操作方式与 Windows 10 Mobile 中的操作方式一样。如果使用过 Windows 10 Mobile 或 Windows Phone 手机,则能很快适应平板模式。

提示:可打开"设置",在"系统"的"平板电脑模式"选项分类下,对平板模式进行设置。

(3)所有设置

单击"所有设置",将打开 Modern 界面的"设置"窗口,如图 2-43 所示,单击"系统"。

图 2-43   "设置"窗口

在打开的"系统"窗口中，单击"通知和操作"选项卡，如图 2-44 所示，可设置默认显示的 4 种快捷操作按钮，以及显示通知的开关。

图 2-44 "通知和操作"选项卡

2.2.7 显示桌面

在任务栏的右端是"显示桌面"按钮█。单击"显示桌面"按钮█将先最小化所有显示的窗口，然后显示桌面；若要还原打开的窗口，再次单击"显示桌面"按钮。

提示：如果要临时查看或快速查看桌面，可以只将鼠标指向"显示桌面"按钮（不用单击）；若要再次显示这些窗口，只需将鼠标指针离开"显示桌面"按钮。

2.2.8 应用商店

在 PC 桌面模式，可以通过下载、硬盘、U 盘、光盘来任意安装程序。但是，如果要安装 Modern 界面的应用程序和游戏，Windows 应用商店则是唯一途径。

1. 通用应用和专用应用

应用商店中提供专用和通用两种类型的 Modern 应用程序。

所谓专用应用，是指只能在唯一设备中安装使用的应用程序，也就是说对于收费的 Modern 应用、游戏，需要在 PC 和手机的 Windows 应用商店中分别购买才能使用。而通用应用又称 Windows 通用应用（Windows Universal Apps），只要在某一个平台的 Windows 应用商店购买 Modern 应用程序、游戏，就可在其他平台设备中免费使用。

通用类型的 Modern 应用程序会根据屏幕或应用程序窗口的大小，自动选择合适的界面显示方式。

提示：Windows 10 操作系统自带的 Modern 应用程序都为通用类型程序。对于国内用户常用的 QQ、微信、淘宝、支付宝钱包、唯品会、微博、百度、优酷、大麦、暴风影音等应用，都有通用应用类型的 Modern 应用程序。

2. 安装 Modern 应用程序

单击任务栏或者"开始"屏幕，或者"开始"菜单"所有应用"中的"应用商店"图标█，即可打开 Windows 应用商店的"主页"，如图 2-45 所示。

图 2-45　Windows 应用商店的"主页"

"应用商店"目前有"主页""应用"和"游戏"3 个选项卡，每个选项卡网页中都会展示热门、推荐、免费、付费等列表。在"应用""游戏"中还有类别，如图 2-46 所示。

图 2-46　应用页的类别

如果要查找特定应用或游戏，可在右上角搜索框中输入关键词，然后按 Enter 键或单击搜索框右端的搜索图标，则与输入的关键词匹配的结果会显示在窗口中，如图 2-47 所示。

图 2-47　搜索应用

如果要缩小搜索范围，则单击左侧"筛选"栏下的类型，可快速查找安装需要的应用。

安装 Modern 应用程序的方法为：

① 单击应用图标，然后在打开的安装窗口中单击"获取"按钮，如图 2-48 所示。如果是付费 Modern 应用程序，则显示标有该应用价格的按钮。

图 2-48　安装应用

② 此时安装窗口显示下载进度，下载完成后自动安装。

③ 安装完成后显示"打开"，单击可打开该程序。

④ 在"开始"菜单的"所有应用"列表和"最近添加"中显示该 Modern 应用程序图标。安装该应用后，在应用商店网页中该应用的图标下面显示为"已安装"。

对于付费 Modern 应用程序，安装时按照向导提示进行购买安装即可。

3. 管理已经安装的应用

应用商店的管理主要指已安装、购买、更新应用等方面的管理。

单击"应用商店"右上角搜索框旁边的头像图标，打开应用商店选项菜单，如图 2-49 所示，可根据需要选择相应的选项。

图 2-49　应用商店选项菜单

① 在选项菜单中选择"我的资料库"，则显示已经安装的 Modern 应用程序，包括 Windows

10 自带的和用户安装的。

② 如果安装的 Modern 应用程序有更新，则会在"应用商店"窗口右上方的用户头像图标旁边显示下载图标↓，提示有更新可用，在选项菜单中选择"下载和更新"，然后在更新窗口中选择需要更新的应用程序。

③ 选择"设置"，即可打开应用商店"设置"窗口，如图 2-50 所示，默认情况下 Modern 应用程序需要手动更新，可设置为自动更新。

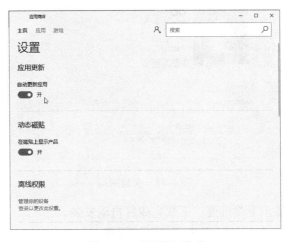

图 2-50　"设置"选项

2.2.9　调整任务栏

可以调整任务栏的大小和位置。

1．调整任务栏的大小

① 把鼠标指针移动到任务栏中空白区域的上边沿，当鼠标指针变成↕形状时，按下鼠标左键不放向上拖动。

② 如果要防止不小心拖动任务栏，可以将任务栏锁定，因为任务栏处于锁定状态，不能调整任务栏的大小和位置。在任务栏上右击，从快捷菜单中单击"锁定任务栏"，使其前显示✓，表示任务栏处于锁定状态，如图 2-51 所示。

图 2-51　锁定任务栏

③ 如果要将任务栏还原为原始大小，先取消锁定任务栏，然后用鼠标拖动到原始大小。

2. 调整任务栏的位置

在调整任务栏的位置前，先取消锁定任务栏。调整任务栏位置的方法为：把鼠标指针移到任务栏空白区域，拖动任务栏到桌面的左侧，或者上边，或者右侧。

提示：一般不用调整任务栏的大小和位置。

2.3 使用 Cortana（小娜）

Cortana（小娜）是微软发布的第一款个人智能助理，是微软在机器学习和人工智能领域的尝试。它会记录用户的行为和使用习惯，利用云计算、必应搜索和非结构化数据分析，读取和学习包括计算机中的电子邮件、图片、视频等数据，来理解用户的语义和语境，从而实现人机交互。

启动 Cortana 需要先使用 Microsoft 账户登录 Windows 10 操作系统，Cortana 必须在接入互联网的计算机中才能使用。Cortana 与搜索栏的搜索功能是融合在一起的。

2.3.1 启用 Cortana

Cortana 默认处于关闭状态，启用 Cortana 的方法为：

① 单击"开始"按钮，在"所有应用"或"开始"屏幕的磁贴中，单击 Cortana，如图 2-52 所示，启动 Cortana。

图 2-52　启动 Cortana

② 第一次启用 Cortana 时，需要告诉 Cortana 你的称呼，在文本框中输入即可。单击"下一步"按钮开始使用 Cortana。

2.3.2 设置 Cortana

开启 Cortana 后，下面做几个有趣的设置。

① 单击搜索框，在左边栏显示 Cortana 主页。在左侧单击"笔记本"图标，如图 2-53 所示，显示其子选项。"笔记本"是 Cortana 用来存储用户爱好等信息的记录本。

② 单击"设置"图标将显示 Cortana 设置功能，如图 2-54 所示。在此可以设置关闭或

启用 Cortana。

图 2-53 Cortana 笔记本选项　　　　　　　　　　图 2-54 Cortana 设置

Cortana 会自动记录用户信息并加密上传到微软云服务，如果对个人隐私信息敏感，可以单击"更改 Cortana 在云中对我的相关了解"，从而手动删除保存在云端的信息。

另外，还可以把 Cortana 图标更改为头像。

③ 开启"你好小娜"后还要做一些设置来让 Cortana 熟悉用户的声音，单击"学习我说'你好小娜'的方式"，如图 2-55 所示。

图 2-55 设置"你好小娜"

为了熟悉用户的声音，Cortana 会让用户读 6 段句子。单击"开始"按钮，显示第一句，用户对着麦克风读句子，Cortana 识别后显示下一句，直到读完后显示已经设置好了。

提示：在设置对话时，鼠标指针的插入点要在搜索框中。如果不在框中，则要单击搜索框使框中显示"正在聆听"。

以后用户只要说"你好小娜"就能唤醒 Cortana 而不用单击搜索框。例如，说"你好小娜，今天星期几""10-6 等于几"。

④ 还可以更改用户名称，如图 2-56 所示，单击"关于我"可以更改用户名字和用户收藏。

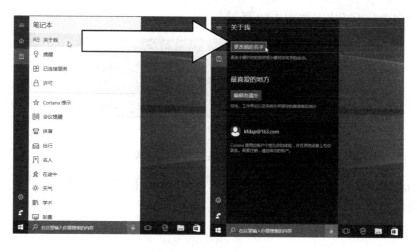

图 2-56　设置个人信息

⑤ 可以设置关注的内容，如图 2-57 所示，单击"体育"显示体育设置选项，可以添加喜欢的球队，选定后保存。单击主页左上角的返回按钮←可以继续设置。

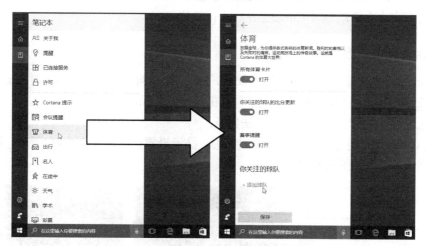

图 2-57　设置关注

2.3.3　唤醒 Cortana

启用 Cortana 后，其默认处于静默状态，可以使用下面 3 种方式唤醒：

① 单击搜索框右端的麦克风图标，可以唤醒 Cortana，此时搜索框中显示"正在聆听"，如图 2-58 所示。

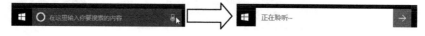

图 2-58　单击麦克风唤醒 Cortana

如果单击搜索框，则显示 Cortana 主页，主页中显示用户已经关注的一些信息，例如新闻、天气等。

② 按 Windows 键⊞+S 键，可以打开 Cortana 主页。按 Windows 键⊞+C 键，可以唤醒

Cortana 至迷你版聆听状态，如图 2-59 所示。

图 2-59　Cortana 迷你版聆听状态

③ Cortana 能够自动监听用户所说的话，当监听到用户说"你好小娜"时，自动唤醒 Cortana 至聆听状态。

提示：自动唤醒有时会失效。

2.3.4　Cortana 任务

Cortana 就像一位真正的助理，可以帮助用户做许多工作，如打开应用程序、提醒事件等，微软也不断为 Cortana 添加新功能。Cortana 也已经与 Microsoft Edge 浏览器集成，在浏览器中搜索相关内容也会自动触发 Cortana 并显示相关信息。

1．Cortana 的提醒功能

Cortana 的提醒功能会通过多种形式发出，例如，"时间提醒"会在约定时间提醒，"位置提醒"会在特定地点提醒，"联系人提醒"会在与某人联系时提醒。

可以采用输入的方式设置提醒，方法如下：

① 在 Cortana 功能选项中单击"提醒" 💡，显示设置选项，如图 2-60 所示，根据时间、地点、联系人等分类设置提醒信息。

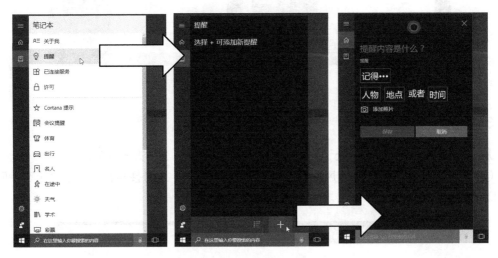

图 2-60　"提醒"功能

② 单击➕可添加新提醒。

③ 在文本框中输入提示信息，单击选择"人物""地点"或"时间"显示新选项，再输入或选择其他选项。

另外，也可以用语音添加提醒，例如，唤醒 Cortana 后，对小娜说"提醒我明天十点看电影"，显示如图 2-61 所示，提示是否正确，如果正确则单击"提醒"确认添加一个提醒。确认提醒后，则弹出显示提醒已经保存好了。

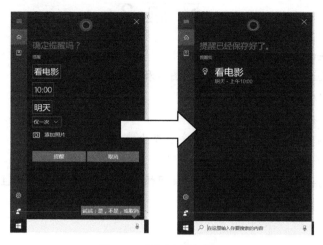

图 2-61　用语音添加提醒

如果有提醒，Cortana 会在约定时间、地点提醒。也可以随时问 Cortana 某天是否有安排，例如，对小娜说"明天有什么安排"，Cortana 就会显示查询的结果。

2．知识问答与信息搜索

除了提醒功能，还可以问小娜一些生活方面的信息，例如，早上出门前问小娜"今天天气如何？""北京限行""正在上映的电影""热播的电视剧""今天新闻""德国的首都"等，小娜会显示对应内容。Cortana 语音识别率高而且迅速，只要说普通话即可被识别。

小娜也可以做"翻译"，例如说"德语的你好怎么说""word 是什么意思"等，小娜会给出对应解释，如图 2-62 所示。

小娜也可以进行算数运算，例如说"1000 减 188 等于几"，小娜会打开计算器给出计算结果，如图 2-63 所示。

图 2-62　翻译功能

图 2-63　计算功能

提示：如果使用相同的 Microsoft 账户登录使用 Windows 10 Mobile 操作系统的手机，则 Cortana 设置的提醒、关注等信息会自动同步至手机端。

习 题 2

1. Windows 桌面上主要有哪些元素？
2. 如何分辨快速启动区中的快捷方式图标和活动任务栏按钮？
3. 启动应用程序最常用的方法是什么？
4. 如何快速切换正在运行的应用程序？
5. 在 Windows 桌面上为"画图"程序创建快捷方式。
6. 将 Windows 任务栏设置为"自动隐藏"。
7. 使用 Cortana（小娜），结合自己的使用情况谈谈 Cortana 有什么主要功能？

第 3 章

Windows 10 外观和主题设置

除了使用 Windows 默认的桌面外，用户还可以对系统进行个性化设置，如设置外观和主题、设置屏幕分辨率、添加桌面小工具、更改计算机名称等。经过个性化设置后的系统，更适合用户的操作习惯，也可以更加凸显用户的个性和魅力。

3.1 打开"设置"窗口

设置 Windows 10 外观和主题主要是在"设置"窗口中进行的。

常用下面的方法之一打开"设置"窗口：

① 在"开始"菜单左侧列表中单击"设置"按钮。

② 在任务栏右端的通知区中，单击"通知中心"按钮，在边栏中单击"所有设置"。

③ 按 Windows 键+I 组合键。

以上方法均可打开"设置"窗口，如图 3-1 所示。可以在"查找设置"框中输入要进行的设置关键词来打开该设置，或者浏览列表找到需要设置的项目。

图 3-1 "设置"窗口

3.2 设置显示分辨率、文本大小

显示属性包括显示器分辨率、文本大小、连接到投影仪等。

1. 打开"显示"窗口

在"设置"窗口中，单击"系统"，将打开"显示"窗口，如图 3-2 所示。或者用鼠标右键单击桌面，在快捷菜单中单击"显示设置"，也将打开"显示"窗口。

图 3-2 "显示"窗口

2. 更改亮度

除了可以使用显示器自带的旋钮或按键调整亮度外，可以拖动"更改亮度"下面的滑块调整。

3. 更改文字大小

在"更改文本、应用等项目的大小"下拉列表中，可以调整文字大小。

一般来说，对于大屏幕显示器，可以设置较小的比例；对于笔记本电脑的小显示器，应该设置较大的比例。在相同分辨率下，较大的文字在屏幕上显示的内容比较小文字显示的内容要少。

4. 更改屏幕分辨率

屏幕分辨率是指屏幕上显示的像素个数，单位是像素，表示为横向像素数×纵向像素数，分为最高设计分辨率和设置分辨率。

单击"分辨率"下拉箭头，在下拉列表中选择所需的分辨率。

5. 更改显示器方向

在"方向"下拉列表中，可以改变显示器的方向，一般是"横向"；如果显示器竖放，则应选"纵向"。

3.3 设置桌面背景和颜色

如果想使桌面、菜单、窗口等环境具有特色，可设置个性化，包括桌面背景、窗口颜色、声音方案和屏幕保护程序的组合，某些主题也可能包括桌面图标和鼠标指针。

1．背景

桌面背景（也称为"壁纸"）是显示在桌面上的图片、颜色或图案。桌面背景可以是个人收集的数字图片、Windows 提供的图片、纯色或带有颜色框架的图片。可以选择一个图像作为桌面背景，也可以以幻灯片形式显示图片。

在"设置"窗口中，单击"个性化"，或者右键单击桌面空白处，在快捷菜单中单击"个性化"，都将打开"个性化"窗口的"背景"选项卡，如图 3-3 所示。

图 3-3　"个性化"窗口的"背景"选项卡

在"背景"选项卡中，可以设置桌面背景的样式。单击"背景"下拉列表框，可选择图片、纯色或幻灯片放映。

① 默认选择"图片"。单击"选择图片"下的图片，可以把选中的图片设置为桌面背景，在"预览"中可以看到效果。单击"浏览"可以从计算机中选取其他图片。

在"选择契合度"下拉列表中，选择图片在桌面上的排列方式，包括填充、适应、拉伸、平铺、居中、跨区。其中"跨区"是 Windows 10 的新增选项，如果计算机连接两台或多台显示器，跨区则将图片延伸到辅助显示器的桌面中。

② 如果选择"纯色"，选项卡下部显示"背景色"，可单击选择一种颜色。

③ 如果选择"幻灯片放映"，选项卡下部显示"为幻灯片选择相册"，单击"浏览"选择作为幻灯片放映的图片；设置幻灯片之间切换的时间等选项。

2．颜色

在"颜色"选项卡中设置 Windows 外观的主色调，如图 3-4 所示。

① 如果选中"从我的背景自动选取一种主题色"项，将随机从"Windows 颜色"中选取一种颜色作为主色调。

② "Windows 颜色"是备选的主题色，单击可选中一种颜色作为主色调。

③ 如果在"以下页面上显示主题色"下方，选中"'开始'菜单、任务栏和操作中心"，则"开始"菜单、任务栏和操作中心的颜色将从默认的黑色背景变为选中的颜色。

④ 单击"高对比度设置"，将显示"高对比度"主题，使浅色更浅，深色更深。在"选择主题"下拉列表中提供了几个高对比度选项。

图 3-4　"颜色"选项卡

3.4　设置锁屏界面

锁屏界面就是当注销当前账户、锁定账户、屏保时显示的界面，锁屏既可以保护自己计算机的隐私安全，又可以作为在不关机的情况下省电的待机方式。

1. 锁屏

在"开始"菜单中，单击账户名称，在弹出的列表中单击"锁定"项，如图 3-5 所示，或者使用锁屏快捷键 Windows 键📧+L 键。锁屏后显示锁屏界面。

图 3-5　锁屏界面

在锁屏状态时，动一下鼠标或键盘，则进入登录界面；如果设置了开机密码，锁屏后需要输入密码才可以进入系统。

2. 设置锁屏界面

在"设置"-"个性化"窗口中，单击"锁屏界面"选项卡，如图 3-6 所示。该选项卡中主要选项的含义如下。

（1）"背景"选项

在"背景"下拉列表框中可以选择 Windows 聚焦、图片、幻灯片放映。默认为"Windows聚焦"，启用本功能后，当锁定屏幕后，微软会向用户随机推送一些绚丽的图片，并征求用户是否喜欢，单击"I want more!"将继续保留当前壁纸，而"不喜欢"则会自动更换一张新壁纸。这些图片不是固定存放在计算机中，而是会在新的图片出现后将前面的图片自动删除。

图 3-6　"锁屏界面"选项卡

（2）"选择要显示详细状态的应用"选项

在锁屏界面上显示一个应用的详细状态，主要是为移动终端准备而设置，例如天气、日历等，默认显示"日历"。

（3）"选择要显示快速状态的应用"选项

主要是为移动终端准备而设置。

3．屏幕超时设置

在"锁屏界面"选项卡中单击"屏幕超时设置"项，将弹出"电源和睡眠"选项卡，如图 3-7 所示。

图 3-7　"电源和睡眠"选项卡

在"屏幕"下，可以设置经过多长时间不操作计算机将关闭显示器；在"睡眠"下，可以设置经过多长时间不操作计算机将进入睡眠状态。

4．屏幕保护程序设置

屏幕保护程序是在指定时间内没有使用鼠标、键盘或触屏时，出现在屏幕上的图片或动画。若要停止屏幕保护程序并返回桌面，只需移动鼠标、按任意键或触屏。

Windows 提供了多个屏幕保护程序。可以使用保存在计算机上的个人图片来创建自己的屏幕保护程序，也可以从网站上下载屏幕保护程序。

① 在"锁屏界面"选项卡中单击"屏幕保护程序设置"，将弹出"屏幕保护程序设置"对话框，如图 3-8 所示。

图 3-8　"屏幕保护程序设置"对话框

② 在"屏幕保护程序"列表中，单击要使用的屏幕保护程序。

③ 在"等待"文本框中输入或选择用户停止击键启动屏幕保护的时间，选中"在恢复时显示登录屏幕"复选框。

④ 如果需要设置电源管理，可单击"更改电源设置"。其实，使用屏保程序远不如直接把显示器关闭更省电。

⑤ 最后单击"确定"或"应用"按钮。

提示：对于 CRT 显示器来说，屏幕保护是为了不让屏幕一直保持太长时间的静态画面，在某个点上的颜色必须不停地变化，否则容易造成屏幕上的荧光物质老化，从而缩短显示器的寿命。而液晶显示器的工作原理与 CRT 的工作原理完全不同，液晶显示屏的液晶分子一直处于开关的工作状态，液晶分子的开关次数自然会受到寿命的限制，到了寿命，液晶显示器就会出现老化的现象，如坏点等。因此，当我们对计算机停止操作时，还让屏幕上显示五颜六色反复运动的屏幕保护程序，无疑会使液晶分子依旧处在反复的开关状态。因此，不建议对液晶显示器设置屏幕保护程序。

5. 更改电源设置

在默认情况下，系统为计算机提供的电源计划是"平衡"模式，该计划可在需要完全性能时提供完全性能，在不需要时节省电能。

用户可以进一步更改电源设置，通过调整显示亮度和其他电源设置，以节省能源或使计算机提供最佳性能。方法为：

① 在"屏幕保护程序设置"对话框中，单击下方"电源管理"组中的"更改电源设置"项。

② 在打开的"电源选项"窗口中，如图 3-9 所示，在"电池指示器上显示的计划"选项

组中选中"节能"单选钮，然后单击其右侧的"更改计划设置"链接。

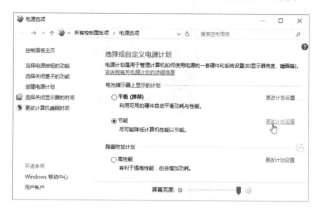

图 3-9 "电源选项"窗口

③ 切换至"编辑计划设置"窗口，在其中可设置"关闭显示器"和"使计算机进入睡眠状态"的时间，如图 3-10 所示。另外，还可单击"更改高级电源设置"，进行高级设置，设置完成后单击"保存修改"按钮。

图 3-10 "编辑计划设置"窗口

3.5 自定义主题

主题是指 Windows 的视觉外观，包括桌面壁纸、屏保、鼠标指针、系统声音事件、图标、窗口、对话框的外观等内容。

"主题"选项卡如图 3-11 所示，在右侧窗格中，除自定义主题外，还可以获取更多主题直接使用。

3.5.1 设置主题

在"主题"选项卡右侧窗格中，分别单击"自定义主题"下面的"背景""颜色""声音""鼠标光标"，可以分别更改主题的部分内容。

例如，单击"鼠标光标"项，将弹出"鼠标属性"对话框，可以改变鼠标的左右键、指针的外观、滚轮的速度等项目。"鼠标键"选项卡，如图 3-12 所示。"滚轮"选项卡，如图 3-13 所示。

图 3-11　"主题"选项卡

050

图 3-12　"鼠标键"选项卡

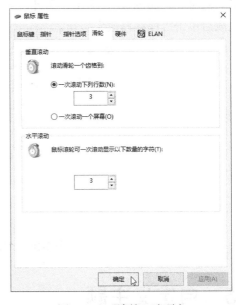

图 3-13　"滚轮"选项卡

更改后单击"保存主题"按钮，在弹出的"保存主题"对话框中输入主题名，单击"保存"按钮将自己的个性设置保存为主题，如图 3-14 所示。

图 3-14　"保存主题"对话框

如果需要删除主题，则右键单击要删除的主题，如图 3-15 所示，在弹出的"删除"按钮上单击即可。

图 3-15　删除主题

提示：删除主题样式时，系统自带的主题样式不能删除，且当前应用的主题样式也是不能删除的。

3.5.2　自定义系统声音

系统声音是指 Windows 在执行操作时系统发出的声音，如计算机开机/关机时的声音、打开/关闭程序的声音、操作错误时的报警声等。

系统声音并不是一成不变的，用户可以根据自己的喜好自定义系统声音。方法为：

① 在"个性化"-"主题"窗口中，单击"声音"项。

② 在弹出的"声音"对话框中，切换至"声音"选项卡，在"程序事件"列表框中选择要自定义声音的程序事件，这里以"即时消息通知"项为例，如图 3-16 所示，单击"浏览"按钮。

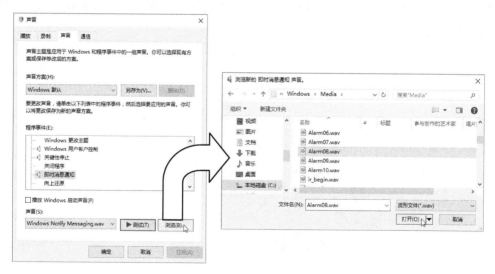

图 3-16　"声音"对话框

③ 在弹出的"浏览新的 即时消息通知 声音"对话框中，选择要使用的声音文件，然后单击"打开"按钮。

④ 返回"声音"对话框，单击"确定"按钮即可保存声音设置。

3.5.3　设置桌面图标

在 Windows 10 系统中，可以自定义桌面图标的样式。如果用户对系统默认的图标样式不满意，可以自己更改。方法为：

① 在"个性化"-"主题"窗口中，在右侧内容窗格向下拖动垂直滚动条，单击"相关的设置"下面的"桌面图标设置"。

② 在弹出的"桌面标设置"对话框中，如图 3-17 所示，选择要更改图标的项目，例如，选择"此电脑"，然后单击"更改图标"按钮。

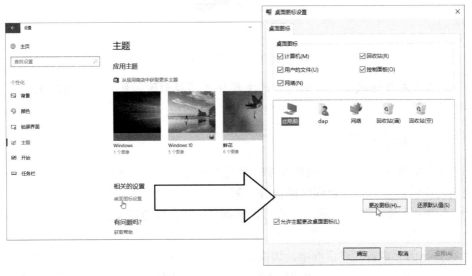

图 3-17   "桌面图标设置"对话框

③ 在弹出的"更改图标"对话框中的列表框中选择一个图标，如图 3-18 所示。也可单击"浏览"按钮，在个人文件夹中选择合适的图标。

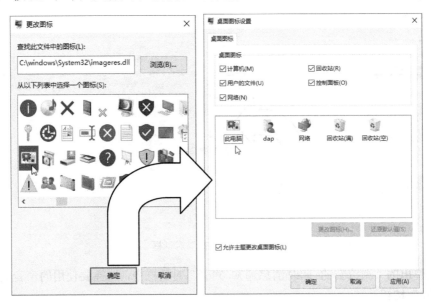

图 3-18   "更改图标"对话框

④ 设置完成后单击"确定"按钮返回"桌面图标设置"对话框，此时可以看到"此电脑"的图标已经更改。

⑤ 再次单击"确定"按钮，即可更改桌面上的图标。

3.6 设置"开始"菜单

在"开始"选项卡中，可以设置"开始"菜单中显示的项目，如图 3-19 所示。

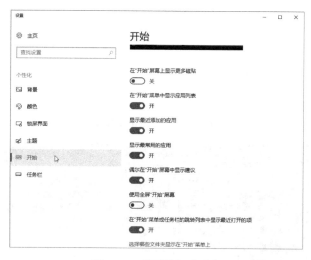

图 3-19 "开始"选项卡

（1）显示最常用的应用

在"开始"菜单中的显示"最常用"区域，该区域中显示的应用程序图标和名称，如图 3-20 所示。

图 3-20 "开始"菜单中的最常用和最近添加

（2）显示最近添加的应用

安装新应用程序后，在"开始"菜单中显示"最近添加"区域，该区域中会显示最近添加的应用程序。

（3）选择显示在"开始"菜单上的文件夹

单击本项将显示"选择哪些文件夹显示在'开始'菜单上"窗口，如图 3-21 所示。

默认在"开始"菜单中显示"文件资源管理器"和"设置"。如果设置显示"文档""下载""音乐"，则"开始"菜单显示如图 3-22 所示。

图 3-21　设置"开始"菜单中显示的文件夹

图 3-22　在"开始"菜单中显示

习 题 3

1. 调整屏幕亮度的方法有哪些？
2. 调整屏幕分辨率，对比不同分辨率对桌面显示效果有什么不同。
3. 将自己的一幅照片设置为桌面背景。
4. 什么是锁屏？有什么作用？如何设置锁屏界面？
5. 屏幕保护的作用是什么？设置屏幕保护程序对 CRT 显示器和液晶显示器而言分别有什么影响？
6. 设置当 5 分钟不用计算机时，自动进行屏幕保护。
7. 制作个性化的主题，并保存主题。
8. 练习设置系统声音和桌面图标。
9. 将"开始"菜单设置为更方便自己使用的方式。

第 4 章

文件和文件夹的基本操作

Windows 把计算机的所有软、硬件资源均用文件或文件夹的形式来表示，所以管理文件和文件夹就是管理整个计算机系统。通常可以通过"Windows 资源管理器"对计算机系统进行统一的管理和操作。

本章介绍文件和文件夹的概念、"文件资源管理器"窗口的组成及使用、文件和文件夹的基本操作及"回收站"的使用。

4.1　文件和文件夹的概念

计算机中的数据一般都是以文件的形式保存在磁盘、U 盘、光盘等外存中。为了便于管理文件，文件又被保存在文件夹中。

4.1.1　文件

文件是 Windows 操作系统管理的最小单位，所以计算机中的许多数据（例如，文档、照片、音乐、电影、应用程序等）以文件的形式保存在存储介质（磁盘、光盘、U 盘、存储卡等）上。文件可以包括一组记录、文档、照片、音乐、视频、电子邮件消息或计算机程序。

1. 文件的类型

根据文件的用途，一般把文件分为三类：

① 系统文件用于运行操作系统的文件，例如 Windows 10 系统文件。

② 应用程序文件运行应用程序所需的一组文件，例如运行 Word、QQ 等软件需要的文件。

③ 数据文件使用应用程序创建的各类型的一个或一组文件，在 Windows 中称为文档，例如 Word 文档、mp3 音乐文件、mp4 电影文件。用户在使用计算机的过程中，主要是对这一类文件进行操作，包括文件的创建、修改、复制、移动、删除等操作。

2. 文件名

一个文件一般由主文件名、扩展名和文件图标组成，主文件名和扩展名中间用小数点隔开。其中主文件名表示文件的名称，主文件名可以任意命名；扩展名表示文件的类型，相同的扩展名具有一样的文件图标，以方便用户识别。

（1）主文件名

表示文件的名称，通过它可大概知道文件的内容或含义。Windows 规定，主文件名可以是文件名，除了开头之外任何地方都可以使用空格，文件名不区分大小写，但在显示时保留大小写格式。

Windows 操作系统中文件命名规则如下。

① 由英文字母、数字、汉字及一些符号组成，字符数不超过 255 个字符（包括盘符和路径），一个汉字占两个英文字符的长度。

② 除了开头之外可以使用空格。

③ 文件名中不能有符号：? " /\<>*| :。

④ 不区分大小写，但在显示时可以保留大小写格式。

（2）扩展名

文件扩展名是用句点与主文件名分开的可选文件标识符（如 Paint.exe）。它用于区分文件的类型，用来辨别文件属于哪种格式，通过什么应用程序打开。

如果对文件扩展名很熟悉，就能大致知道文件的内容。例如，扩展名为.exe 的文件是计算机可以直接运行的可执行文件，如 Paint.exe 就是集成在 Windows 操作系统中的图形实用程序。而扩展名为.docx 的文件则为文字处理文档。

Windows 系统对某些文件的扩展名有特殊的规定，不同的文件类型其扩展名不一样，表 4-1 中列出了一些常用的扩展名。因此，如果扩展名更改不当，系统有可能无法识别该文件，或者无法打开该文件。

表 4-1   常见文件类型

扩展名	图标	含义	扩展名	图标	含义
.exe	有不同的图标	可执行文件	.avi、mp4 等		视频文件
.png .bmp .jpg 等		图像文件	.doc、.docx		Word 文档文件
.rar、.zip		压缩包文件	.wav、.mp3 等		音频文件
.txt		文本文件	.htm、.html		网页文件

（3）文件图标

在"文件资源管理器"中查看文件时，文件的图标可直观地显示出文件的类型，以便于识别。

4.1.2   文件夹

为了便于管理大量的文件，通常把文件分类保存在不同的文件夹中，就像人们把纸质文件保存在文件柜内不同的文件夹中一样。文件夹是用于存储程序、文档、快捷方式和其他文件夹的容器。文件夹中还可以包含文件夹，称为子文件夹。

文件夹由文件夹名和文件夹图标组成，通过文件夹图标的显示，就可以预览文件夹中的内容，如图 4-1 所示。

图 4-1   文件夹的外观和预览

4.1.3   计算机系统中文件的管理方式

在计算机系统中，文件管理采用树形结构，就像仓库中的货物根据类别存放在相应的区域上，用户根据某方面的特征或属性把文件归类存放，因而文件或文件夹就有一个隶属关系，从而构成有一定规律的组织结构。

文件管理的真谛在于方便保存和迅速提取，所有的文件将通过文件夹分类组织起来。树形目录结构就像一棵倒置的树，如图 4-2 所示，树根是根目录，每个树根长出的各个分支是子目录，分支上既可再长分支（下一级子目录），还可再长叶片（文件），这样按层次一级级进行划分目录，这种结构有利于组织磁盘文件。

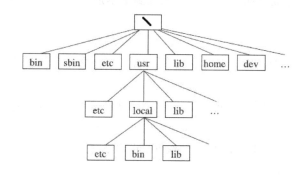

图 4-2   文件的树状管理方式

在 Windows 中，最常用的工作是管理文件和文件夹。计算机操作或处理的对象是数据，而数据是以文件的形式存储在计算机的磁盘（硬盘、U 盘或光盘）上的。文件是数据的最小组织单位，而文件夹是存放文件的组织实体。

提示：通常我们将常用的文件分门别类地放在 C 盘以外能方便找到的地方。从硬盘分区开始到每一个文件夹的建立，都要按照自己的工作和生活需要命名不同的文件夹，建立合理的文件保存架构。此外所有的文件、文件夹都要规范化地命名，并放入最合适的文件夹中。这样，当我们需要什么文件时，就知道到哪里去寻找。

1．路径

在对文件或文件夹进行操作时，为了确定文件或文件夹在外存（硬盘、U 盘等）中的位置，需要按照文件夹的层次顺序沿着一系列的子文件夹找到指定的文件或文件夹。这种确定文件或文件夹在文件夹结构中位置的一组连续的、由路径分隔符"\"分隔的文件夹名叫路径。描述文件或文件夹的路径有两种方法：绝对路径和相对路径。

（1）绝对路径

就是从目标文件或文件夹所在的根文件夹开始，到目标文件或文件夹所在文件夹为止的路径上的所有子文件夹名（各文件夹名之间用"\"分隔）。

绝对路径总是以 "\" 作为路径的开始符号。例如，a.txt 存储在 C：盘的 Downloads 文件夹的 Temp 子文件夹中，则访问 a.txt 文件的绝对路径是：C：\Downloads\Temp\a.txt。

（2）相对路径

就是从当前文件夹开始，到目标文件或文件夹所在文件夹的路径上的所有子文件夹名（各文件夹名之间用 "\" 分隔）。

一个目标文件的相对路径会随着当前文件夹的不同而不同。例如，如果当前文件夹是 C：\Windows，则访问文件 a.txt 的相对路径是：..\Downloads\Temp\a.txt，这里的 ".." 代表父文件夹。

2. 盘符

驱动器（包括硬盘驱动器、光盘驱动器、U 盘、移动硬盘、闪存卡等）都会分配相应的盘符（C：～Z：），用于标识不同的驱动器。硬盘驱动器用字母 C：标识，如果划分多个逻辑分区或安装多个硬盘驱动器，则依次标识为 D：、E：、F：等。光盘驱动器、U 盘、移动硬盘、闪存卡的盘符排在硬盘之后。

提示：A:、B: 用于软盘驱动器，现在已经淘汰不用。

3. 通配符

当查找文件、文件夹时，可以使用通配符代替一个或多个真正的字符。

（1）"*" 星号

表示 0 个或多个字符。例如，ab*.txt 表示以 ab 开头的所有.txt 文件。

（2）"?" 问号

表示一个任意字符。例如，ab???.txt 表示以 ab 开头的后跟 3 个任意字符的.txt 文件，文件中有几个 "?" 就表示几个字符。

4. 项目

在 Windows 中，项目（或称对象）是指管理的资源，如驱动器、文件、文件夹、打印机、系统文件夹（库、用户文档、计算机、网络、控制面板、回收站）等。

4.2 文件和文件夹的浏览与查看

Windows 把所有软、硬件资源都当作文件或文件夹，可在文件资源管理器窗口中查看和操作。

4.2.1 打开"文件资源管理器"

打开"Windows 资源管理器"的常用方法有下面几种：

① 单击锁定到任务栏左侧的"文件资源管理器"图标　。

② 单击"开始"按钮　，单击"文件资源管理器"。

③ 右键单击"开始"按钮　，在快捷菜单中单击"文件资源管理器"。

④ 按键盘上的 Windows 键　+E 键。

用上面方法之一均可打开"文件资源管理器"。默认情况下，如果没有展开功能区，则显示如图 4-3 所示。打开"文件资源管理器"时，在左侧导航窗格中，默认显示"快速访问"；

在右侧的内容窗格中，显示"快速访问"中的"常用文件夹"和"最近使用的文件"。

图 4-3　打开文件资源管理器

单击窗口右上方的"展开功能区"按钮 ∨，将展开文件资源管理器的功能区，同时该按钮变为"最小化功能区"按钮 ∧。

4.2.2　"文件资源管理器"窗口组成

每当打开应用程序时，桌面上就会出现一块显示程序和内容的矩形工作区域，这块区域被称为窗口。窗口是用户访问 Windows 资源和 Windows 展示信息的重要组件，Windows 的操作主要是在不同窗口中进行的。虽然每个窗口的内容和外观各不相同，但大多数窗口都具有相同的基本部分。Windows 中的窗口可以分为 3 类，分别是文件资源窗口、设置窗口和应用窗口。设置窗口的操作项目（对象）主要是各种选项，应用窗口的操作项目主要是内容，后面章节将作介绍。本小节将对文件资源窗口做详细介绍。

"文件资源管理器"窗口的各个不同部分旨在帮助用户围绕 Windows 进行导航，或更轻松地使用文件、文件夹和库。如图 4-4 所示的是一个典型的"文件资源管理器"窗口，"文件资源管理器"窗口主要分为以下几个组成部分。

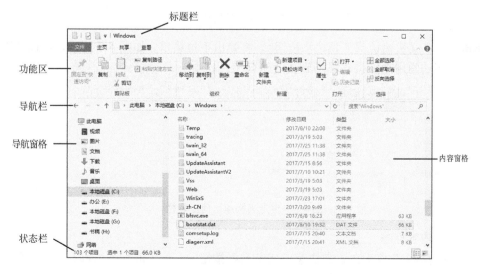

图 4-4　"文件资源管理器"窗口的组成

1. 标题栏

窗口的第一行是标题栏，由 3 部分组成，从左到右依次为快速访问工具栏、窗口内容标题、窗口控制按钮，如图 4-5 所示。

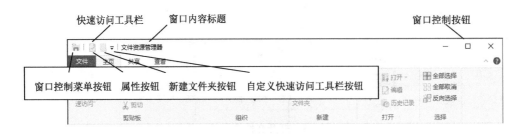

图 4-5　标题栏

（1）快速访问工具栏

左上角区域是快速访问工具栏，默认有 4 个按钮图标，分别是窗口控制菜单按钮、属性按钮、新建文件夹按钮和自定义快速访问工具栏按钮。

窗口控制菜单按钮上的图标会依据浏览的对象而改变，单击该图标按钮，将打开菜单，如图 4-6 所示，其中包括了控制窗口的操作命令，包括还原、移动、大小、最小化、最大化、关闭，主要适合用键盘操作。例如，当执行"移动"时，指针✥出现在窗口标题栏中间，可按键盘上的←、→、↓、↑键或拖动鼠标指针移动窗口。当执行"大小"时，指针✥出现在窗口中间，按键盘上的←、→、↓、↑键或拖动鼠标指针改变窗口大小。

图 4-6　窗口控制菜单

单击"自定义快速访问工具栏"按钮▾，将弹出下拉菜单，如图 4-7 所示，可以从下拉列表中选择需要的常用功能按钮添加到快速访问工具栏中。

图 4-7　自定义快速访问工具栏

（2）窗口内容标题

"窗口内容标题"位于自定义快速访问工具栏按钮的右侧，每个窗口都有一个名称，窗口内容标题会依据浏览的对象而改变。

（3）窗口控制按钮

窗口右上角的 3 个按钮- □ ×，分别是窗口的最小化、最大化或关闭按钮。当窗口最大化后，最大化按钮□变为恢复按钮◻，单击◻则窗口恢复到最大化前的大小。

2. 功能区

Windows 10 中的"文件资源管理器"最大的改进是采用 Ribbon 界面风格的功能区。

Ribbon 界面把命令按钮放在一个带状、多行的工具栏中，称为功能区，类似于仪表盘面板，目的是使用功能区来代替先前的菜单、工具栏。每个应用程序窗口中的功能区都是按应用来分类的，由多个"选项卡"（或称标签）组成，包含了应用程序所提供的功能。选项卡中的命令、选项按钮，再按相关的功能组织在不同的"组"中。

Windows 10 的功能区，在通常情况下显示 4 种选项卡，分别是"文件"选项卡、"主页"选项卡、"共享"选项卡和"查看"选项卡。

3. 导航栏

导航栏由一组导航按钮、地址栏和搜索栏组成，如图 4-8 所示。

导航按钮　　　　　　　地址栏　　　　　　　　搜索栏

图 4-8　导航栏

（1）导航按钮

导航按钮包括"返回"按钮←、"前进"按钮→、"最近浏览的位置"菜单∨和"向上一级"按钮↑。

① "返回"按钮←：单击"返回"按钮，则返回到前一个浏览的位置窗口，继续单击该按钮，最终返回到"快速访问"。即按"返回"按钮是按照浏览时的操作步骤一步步退回去。

② "前进"按钮→：在单击"返回"按钮后，"前进"按钮可用。"前进"按钮按照用户浏览的先后步骤运动。

③ "最近浏览的位置"按钮∨：单击该按钮，将打开最近浏览过的位置下拉菜单，如图 4-9 所示。单击要到的位置选项，就能快速打开该位置窗口。

图 4-9　"最近浏览的位置"按钮选项

④ "上移一级"按钮↑：按照浏览窗格中的文件夹的层次关系，单击该按钮则返回上一层文件夹，最终回到"桌面"。

（2）地址栏

地址栏显示当前窗口内容的文件夹名称从外向内的列表，文件夹名称以箭头>分隔，通过它可以清楚地看出当前打开的文件夹的路径。

① 单击文件夹名称，则打开并显示该文件夹中的内容。

② 单击文件夹名称后的分割箭头，则显示该文件夹中的子文件夹名称，如图 4-10 所示，单击文件夹名称将切换到该子文件夹。

图 4-10　地址栏中的分割箭头>选项

③ 单击地址栏中左端的图标，或者单击地址栏中文件夹名称后面的空白，则地址栏中的文件夹名称显示为路径，如图 4-11 所示。同时，将显示输入或更改的路径列表，单击某路径可以切换到该文件夹。

图 4-11　地址栏显示路径

也可在地址栏中输入（或粘贴）路径，然后按 Enter 键导航到其他位置。

（3）搜索文本框

在搜索框中输入关键字，不必输入完整的文件名，即可搜索到当前窗口中文件名中包含着关键字的文件和文件夹，如图 4-12 所示。

图 4-12　搜索文本框

在搜索出的文件中，会用不同颜色标记搜索的关键字，可以根据关键字的位置来判断结果文件是否是所需的文件。

当然，还可以为搜索设置更多的附加选项。

4．导航窗格

在文件资源管理器左侧的导航窗格中，默认显示快速访问、OneDrive、此电脑、网络和家庭组，它们都是该设备的文件夹根。

如果文件夹图标（例如 此电脑）左侧显示为向右箭头，表示该文件夹处于折叠状态，单击展开文件夹，同时变为向下箭头，如图 4-13 所示。

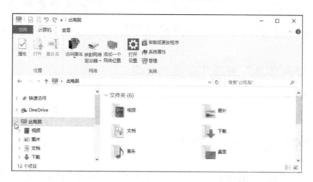

图 4-13　在导航窗格中展开文件夹

如果文件夹图标左侧显示为向下箭头，表明该文件夹已展开，单击它可折叠文件夹，同时图标变为。

如果文件夹图标左侧没有图标（例如 桌面），则表示该文件夹是最后一层，无子文件夹。导航窗格后面将详细介绍。

5．内容窗格

内容窗格是文件资源管理器最重要的部分，是显示当前文件夹中内容的位置。所有当前位置上的文件和文件夹都显示在内容窗格中，文件和文件夹的操作也在内容窗口中进行。对文件和文件夹的操作，后面将详细介绍。

在左侧的导航窗格中单击文件夹名，右侧内容窗格中将列出该文件夹的内容。在右侧内容窗格中双击文件夹图标，将显示其中的文件和文件夹，双击某文件图标可以启动对应的程序或打开文档。

如果通过在搜索框中键入关键字来查找文件，则仅显示当前窗口中相匹配的文件（包括子文件夹中的文件）。

6．状态栏

窗口的状态栏位于窗口底边的上面，如图 4-14 所示，有项目提示、详细信息和大图标。

图 4-14　状态栏

（1）项目提示

窗口状态栏左端的项目提示区域，对窗口中浏览或选定的项目作简要说明。

（2）"详细信息"按钮

"详细信息"按钮 把窗口内的项目排列方式快速设置为"在窗口中显示每一项的相关信息"。

使用细节窗格可以查看与选定文件关联的最常见属性。文件属性是关于文件的信息，如作者、上一次更改文件的日期，以及可能已添加到文件的所有描述性标记。

提示：在"详细信息"下，使用列标题可以更改文件列表中文件的整理方式。例如，可以单击列标题的左侧以更改显示文件和文件夹的顺序，也可以单击右侧以采用不同的方法筛选文件。

注意，只有在"详细信息"视图中才有列标题。

（3）"大图标"按钮

"大图标"按钮 把窗口内的项目排列方式快速设置为"使用大缩略图显示项"。

4.2.3　"文件资源管理器"导航窗格

通过"文件资源管理器"左窗口，可以在计算机的文件结构中选择想要去的位置，所以左窗口称为"导航窗格"。使用导航窗口来改变位置是最直观的导航方法。

1. 导航窗格中列表的展开与折叠

展开的作用是便于看到文件夹的层次或树状结构，而折叠可以把暂时不关心的文件夹隐藏起来，使导航窗格变得更简洁。

① 当某项目的图标前有 > 时，表示它有下级文件夹，单击 > （或双击名称）将展开它的下级，同时 > 变为 ∨。

② 如果项目前没有 > 或 ∨，则表示该文件夹中不再包含文件夹，只包含文件。

③ 当单击 ∨（或双击名称）时，下级文件夹将折叠，∨ 又变回 >。

提示：导航窗格中列表的展开与折叠，并不改变当前文件夹的位置，所以内容窗格中显示的内容并不改变。

2. 更改文件夹的位置

在导航窗格中，单击文件夹名称，内容窗格中将显示该文件夹中包含的文件和文件夹等内容。

3. 在导航窗格中显示所有文件夹

如果希望在导航窗格中显示所有文件夹，操作方法为：

① 单击"查看"选项卡。

② 在"窗格"组中单击"导航窗格"。

③ 从下拉列表选项中选中"显示所有文件夹"，如图 4-15 所示。

提示：在这种树状的显示方式中，以"快速访问""桌面"作为所有文件夹的根文件夹，"桌面"下将显示"控制面板""回收站"等项目。

4.2.4　"文件资源管理器"内容窗格

"内容窗格"中显示当前位置上的文件和文件夹，对文件和文件夹的操作都是在"内容窗格"中进行的。

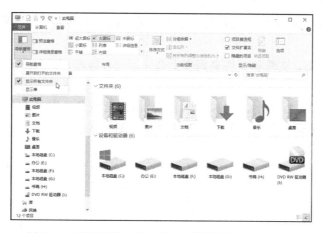

图 4-15　显示所有文件夹的"文件资源管理器"窗口

1. 设置显示布局

为了在内容窗格中更方便、直观地查看文件和文件夹，可通过下面方法之一来设置内容窗格中文件和文件夹的布局。

① 在"查看"选项卡中的"布局"组中，列出了 8 种视图选项：超大图标、大图标、中图标、小图标、列表、详细信息、平铺、内容，如图 4-16 所示，单击其中的某个选项可更改视图显示方式。

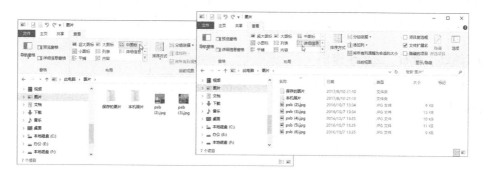

图 4-16　"大图标"和"详细信息"布局

② 通过状态栏右端的两个图标按钮来设置"详细信息"或"大图标"布局。

③ 右击内容窗格的空白处，在快捷菜单中单击"查看"中的某个选项，如图 4-17 所示。

图 4-17　通过快捷菜单更改显示布局

2．通过标题栏排序和筛选

当内容窗格中显示的文件或文件夹较多时，对它们按某个条件排序后，将更容易找到需要的文件或文件夹。

在"详细信息"下，文件和文件夹列表上会显示一行标题，默认显示"名称""修改日期""类型""大小"。

把鼠标指针放置在标题上，例如"名称"，出现背景色，默认名称按递增排列，图标显示︿，如图 4-18 所示；单击标题栏，改为递减，图标显示﹀。

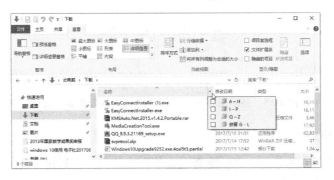

图 4-18 通过标题栏排序和筛选

单击该标题后端的﹀，显示筛选方式，在列表中复选需要显示名称的前缀，则只显示复选的文件和文件夹。

提示："修改日期""类型"等标题，也可以按要求排序和筛选，还可以在多个列上同时筛选。筛选当时有效，当再次显示该文件夹时，刚才的筛选失效。

3．通过"查看"选项卡排序

在"查看"选项卡的"当前视图"组中，单击"排序方式"，在下拉列表中有多种排列方式，选择其中一个即可，如图 4-19 所示。

图 4-19 "排序方式"下拉列表

4．通过"查看"选项卡分组

在"查看"选项卡的"当前视图"组中，单击"分组依据"，在下拉列表中有多种分组方式可供选择。

当选择某一分组方式后将显示分组分隔线，如图 4-20 所示。

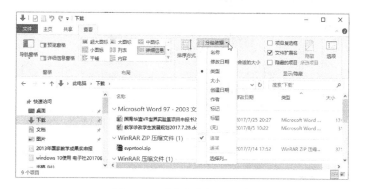

图 4-20 "分组依据"列表

如果要取消分组，则在"分组依据"列表中选择"(无)"。

提示："添加列"用于"详细信息"方式中。如果列排列不整齐，则单击"将所有列调整为合格的大小"。

5. 显示文件的扩展名、隐藏的项目

Windows 10 默认不显示文件的扩展名，不显示隐藏的文件和文件夹。一些恶意文件往往显示一个假的扩展名，而且是隐藏的文件，所以对于高级用户，显示文件的扩展名和隐藏的文件可以使其了解更多信息。

在"查看"选项卡的"显示/隐藏"组中，选中"文件扩展名""隐藏的项目"后的显示，如图 4-21 所示。

图 4-21 显示文件的扩展名、隐藏的项目

6. 设置"预览窗格"或"详细信息窗格"

有时候需要查看一些文件的内容，如果逐个打开的话，既费事又费神。通过"预览窗格"功能，就可以不打开文件而预览文件里面的内容。"详细信息窗格"则显示该文件概要信息。

设置"预览窗格"或"详细信息窗格"后，在右侧的内容窗格中留出一块信息区，用来显示文件预览信息或详细信息，这两种模式只能选其一。

在"查看"选项卡的"窗格"组中，选中"预览窗格"，如图 4-22 所示，可以预览文档内容。

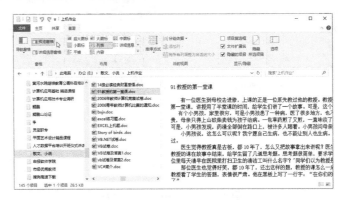

图 4-22　预览窗格

如果选中"详细信息窗格",如图 4-23 所示,则显示文件的概要信息。

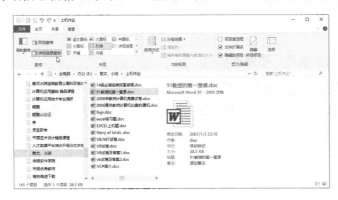

图 4-23　详细信息窗格

4.3　文件和文件夹的基本操作

文件夹的基本操作主要包括文件夹的新建、重命名、删除等操作。本节介绍使用"文件资源管理器"对文件和文件夹的操作。

4.3.1　新建文件夹或文件

新建文件或文件夹是从无到有,新建一个空白的文件或空文件夹。尽量不要在系统分区中新建或保存用户文件或文件夹。可以在桌面、磁盘分区、已存在的文件夹等位置中新建文件夹或文件。

1. 新建文件夹

使用"文件资源管理器"新建文件夹的操作为:通过左侧的导航窗格浏览到目标文件夹或桌面,使右侧的内容窗格为目标文件夹。用下面 4 种方法之一新建文件夹。

(1)使用快捷菜单新建文件夹

在右侧的内容窗格中,右键单击文件和文件夹名之外的空白区域,在快捷菜单中指向"新建"项,在其子菜单中单击"文件夹",如图 4-24 所示。

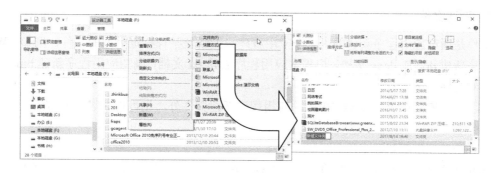

图 4-24　使用快捷菜单新建文件夹

此时，在内容窗格名称列表底部将新建一个文件夹，默认文件夹名为"新建文件夹"，直接输入新的文件名称（例如"dd"），然后按 Enter 键或鼠标单击其他空白区域。

（2）使用功能区新建文件夹

展开功能区，在"主页"选项卡的"新建"组中，单击"新建文件夹"，在内容窗格名称列表底部将新建一个文件夹，如图 4-25 所示。

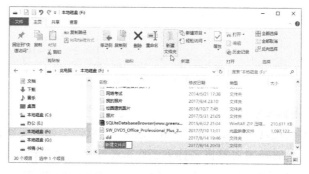

图 4-25　使用功能区新建文件夹

（3）使用快捷键新建文件夹

在目标位置内容窗格中，按 Ctrl+Shift+N 组合键，可以新建文件夹。

（4）使用导航窗口的快捷菜单新建文件夹

在左侧的导航窗格中，右键单击目标文件夹，在快捷菜单中指向"新建"，在其子菜单中单击"文件夹"，如图 4-26 所示，将新建一个文件夹，修改文件名即可（如 dd2）。

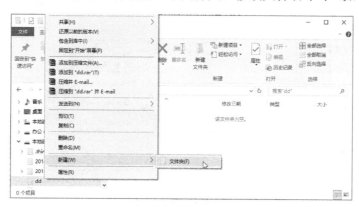

图 4-26　使用导航窗口的快捷菜单新建文件夹

2．新建文件

文件是通过应用程序新建的，一个应用程序只能新建某种特定类型的文件，例如，Word 应用程序新建.doc 或.docx 文档，记事本应用程序新建.txt 文档，画图应用程序新建.bmp、.jpg 等类型的文件。

除了通过安装在 Windows 10 中的应用程序新建文件外，也可以通过下面方法之一新建文件。

（1）使用功能区新建文件

展开功能区，在"主页"选项卡的"新建"组中，单击"新建项目"，在下拉列表中显示了可以新建的项目，如图 4-27 所示。

图 4-27　使用功能区新建文件

列表中的项目会根据安装的应用程序而不同，也就是说，如果 Windows 10 中没有安装 Word 应用程序，将不会出现"Microsoft Word 文档"选项。例如，要新建一个文本文档，则单击"文本文档"项，此时在内容窗格名称列表底部将新建一个文件名为"新建文本文档.txt"的文档，其扩展名为.txt，输入新的文档名（如 ww）后按 Enter 键即可。

提示：不要更改文件的扩展名，因为 Windows 是通过文件的扩展名来识别文件类型的，扩展名不正确将导致用不正确的应用程序去打开该文件，造成打开失败。

（2）使用快捷菜单新建文件

在右侧的内容窗格中，右键单击文件和文件夹名之外的空白区域，在快捷菜单中指向"新建"，在其子菜单中单击需要新建的项目，如图 4-28 所示。

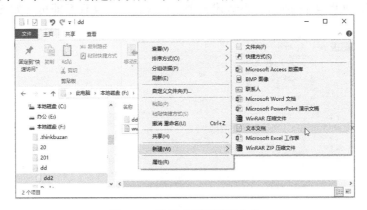

图 4-28　使用功能区新建文件

对于受保存的分区位置，例如 C：\根文件夹、C：\Windows 文件夹，新建或者复制文件到这里，将显示"目标文件夹访问被拒绝"对话框，如图 4-29 所示，需要提供管理员权限才能继续。可以单击"继续"按钮，如果不行，则单击"跳过"或"取消"按钮。

图 4-29　"目标文件夹访问被拒绝"对话框

4.3.2　选定文件和文件夹

在 Windows 操作系统中，总是遵循"先选定、后操作"的原则。在对文件和文件夹操作之前，首先要选定文件和文件夹，一次可选定一个或多个对象，选定的文件和文件夹突出显示。常用以下几种选定方法：

（1）选定一个文件或文件夹

单击要选定的文件或文件夹。

（2）框选文件和文件夹

在右侧的内容窗格中，按下鼠标左键拖动，将出现一个框，框住要选定的文件和文件夹，如图 4-30 所示，然后释放鼠标按钮。

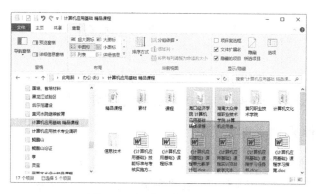

图 4-30　框选文件和文件夹

（3）选定多个连续文件和文件夹

先单击选定第一个对象，按住 Shift 键不放，然后单击最后一个要选定的项。

（4）选定多个不连续文件和文件夹

单击选定第一个对象，按住 Ctrl 键不放，然后分别单击各个要选定的项。

（5）反向选择

就是将文件的选中状态反转，选中的文件变为不选中，不选中的文件变为选中。在"主页"选项卡的"选择"组中，单击"反向选择"，如图 4-31 所示。

（6）选定文件夹中的所有文件和文件夹

在"主页"选项卡的"选择"组中，单击"全部选择"或"反向选择"，或者按 Ctrl+A 组合键。

图 4-31　反向选择

（7）利用项目复选框

如果在"查看"选项卡的"显示/隐藏"组中，选中"项目复选框"，则文件或文件夹前显示复选框，可以通过单击文件或文件夹前的复选框来选中多个文件和文件夹，如图 4-32 所示。

图 4-32　用项目复选框选定文件

（8）撤销选定

如果要撤销一项选定，需先按住 Ctrl 键，然后单击要取消的项目。

如果要撤销所有选定，则单击窗口中其他区域，或者单击"选择"组中的"全部取消"。

4.3.3　重命名文件或文件夹

重命名文件或文件夹的方法是一样的，可采用下列方法之一重命名文件或文件夹。

① 选中要重命名的文件或文件夹，在"主页"选项卡的"组织"组中，单击"重命名"，这时文件名变为可输入状态，如图 4-33 所示，输入新的文件名，最后按 Enter 键或鼠标单击其他位置。

图 4-33　使用功能区重命名文件

② 单击选中要重命名的文件或文件夹,然后再单击该文件名,使文件名变为可输入状态,输入新的文件名,最后按 Enter 键或鼠标单击其他位置。

③ 右键单击要更改名称的文件或文件夹,在快捷菜单中单击"重命名",如图 4-34 所示,输入新的文件或文件夹名称,最后按 Enter 键或鼠标单击其他位置。

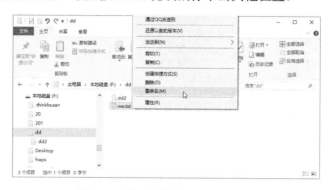

图 4-34　使用快捷菜单重命名文件

提示:如果文件名显示扩展名,在重命名时不要改变文件的扩展名,否则会造成文件不能正常打开。

4.3.4 复制和粘贴文件或文件夹

复制过程就是把一个文件夹中的文件和文件夹复制一份到另一个文件夹中,原文件夹中的内容仍然存在,新文件夹中的内容与原文件夹中的内容完全相同。

"复制"命令和"粘贴"命令是一对配合使用的操作命令,"复制"命令是把文件或文件夹在系统缓存(称为剪贴板)中保存副本,而"粘贴"命令是在目标文件夹中把剪贴板中的这个副本复制出来。

复制文件或(和)文件夹可采用下面方法之一。

1. 使用功能区复制

使用功能区复制文件或文件夹的操作步骤如下。

① 选定要复制的文件和文件夹(单选或多选),在"主页"选项卡的"剪贴板"组中,单击"复制",如图 4-35 所示,这时"粘贴"图标按钮将被点亮变为可用。

图 4-35　使用功能区复制

② 浏览到目标驱动器或文件夹，在"剪贴板"组中单击"粘贴"，则副本出现在文件夹中。

③ 如果没有改变文件夹，则是在原来的文件夹中执行"粘贴"，那么出现的副本名称中会加上尾缀"-副本"，如图 4-36 所示。

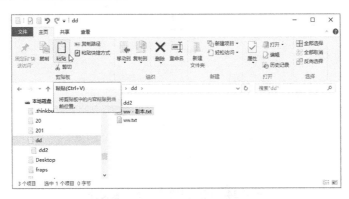

图 4-36　使用功能区粘贴

提示：由于副本已经保存在剪贴板中，所以可以多次粘贴。

2. 使用快捷菜单复制

使用快捷菜单复制文件或文件夹的操作步骤为：

① 选定要复制的文件和文件夹（单选或多选）。

② 右键单击选定的文件或文件夹，单击快捷菜单中的"复制"。

③ 浏览到目标驱动器或文件夹。

④ 右键单击空白区域，在快捷菜单中单击"粘贴"。

3. 使用快捷键复制或混合操作

选定要复制的文件和文件夹（单选或多选），按 Ctrl+C 组合键执行复制；浏览到目标驱动器或文件夹，按 Ctrl+V 组合键执行粘贴。

在复制过程中，如果复制的文件或文件夹与目标文件夹中的文件或文件夹同名，将显示"替换或跳过文件"窗口，如图 4-37 所示，可以选择"替换目标中的文件""跳过这些文件"或"比较两个文件的信息"。

图 4-37　"替换或跳过文件"窗口

如果选择"比较两个文件的信息"，将显示"文件冲突"对话框，如图 4-38 所示，其中列出了源文件与目标文件夹中的同名文件及其创建日期和大小，在要复制的文件前复选。一般来说，具有相同日期和大小的文件是相同的，可复选"跳过具有相同日期和大小的文件"。单击"继续"按钮开始复制。如果仍然不能确定源文件与目标文件是否相同，可打开源文件与目标文件，对比其中的内容后，再做决定。

图 4-38 "文件冲突"对话框

4. 鼠标左键拖动复制

① 在源文件夹中选定要复制的文件和文件夹。

② 在导航窗格中让目标文件夹显示出来，只需展开，但不要单击选定目标文件夹。

③ 按住 Ctrl 键不放，再用鼠标将选定的文件和文件夹拖动到目标文件夹上（如果拖动到导航窗格，拖动所到之处将自动展开文件夹），然后松开鼠标键和 Ctrl 键。

提示：如果源位置和目标位置不在同一个分区（盘符），则可以直接拖动，而不用按住 Ctrl 键。

5. 鼠标右键拖动复制

① 选定要复制的文件和文件夹。

② 按住鼠标右键不松开，被拖动的图标下边显示"+复制到×××"，将选定的文件和文件夹拖动到目标文件夹上，如图 4-39 所示。

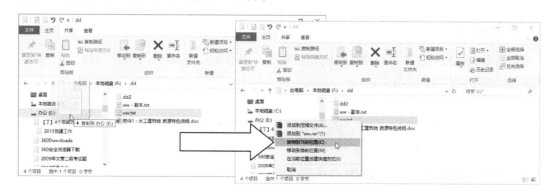

图 4-39 用鼠标右键拖动复制文件

③ 松开鼠标右键，此时显示菜单，松开 Ctrl 键，单击"复制到当前位置"，就完成了复制操作。

6. 使用"复制到"

"复制到"是一个集复制与粘贴于一体的功能。

① 选定要复制的文件和文件夹。

② 在"主页"选项卡中单击"复制到"，将显示下拉列表，如图 4-40 所示，列表中列出了最近使用过的文件夹。

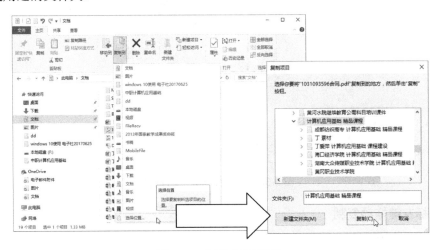

图 4-40　使用"复制到"

③ 如果列表中有目标文件夹，则单击该文件夹。

④ 如果列表中没有目标文件夹，则单击列表底部的"选择位置"。在弹出的"复制项目"对话框中，浏览到目标驱动器或文件夹，也可以单击"新建文件夹"。

⑤ 选定目标文件夹后，单击"复制"按钮。

7. 使用"发送到"

把选定的文件和文件夹复制到 U 盘等移动存储器中，最简便的方法是：

① 右键单击选定的文件和文件夹。

② 单击快捷菜单中的"发送到"子菜单中的移动存储器。

8. 复制路径

复制路径是把所选项目的路径复制到剪贴板，而不是文件本身。然后可以把路径字符串粘贴到任何位置，非常实用。

① 选定要复制路径的文件和文件夹。

② 在"主页"选项卡中单击"复制路径"，如图 4-41 所示。

③ 在打开的文件编辑区中按下 Ctrl+V 组合键。

4.3.5　撤销或恢复上次的操作

如果发生了操作错误，例如，复制了不该复制的文件，删除了不该删除的文件夹，重命名错误等，想要撤销刚刚发生的操作时，可以使用撤销功能。

图 4-41　复制路径

如果执行撤销后发现刚才的操作没有错误，需要恢复到撤销前的状态，可以使用恢复功能。

1．用快捷键执行撤销或恢复操作

① 用快捷键执行撤销。

发现刚才的操作错误时，按 Ctrl+Z 组合键则撤销刚才的操作。

② 用快捷键执行恢复。

如果想回到执行撤销操作前的状态，按 Ctrl+Y 组合键恢复。

2．用文件资源管理器执行撤销或恢复操作

默认情况下，文件资源管理器上并不显示"撤销"或"恢复"工具按钮，可以将其显示在文件资源管理器窗口左上角的快速访问工具栏上。

设置方法是：

① 单击快速访问工具栏右端的"自定义快速访问工具栏"按钮。

② 在下拉菜单中，选中"撤销"和"恢复"，这时"撤销"和"恢复"图标按钮将出现在工具栏中。

③ 在需要执行撤销或恢复时，就可以直接单击"撤销"和"恢复"图标按钮。

4.3.6　移动和剪切文件或文件夹

移动是把一个文件夹中的文件和文件夹移到另一个文件夹中，原文件夹中的内容不再存在，被转移到新文件夹中。所以，移动也就是更改文件在计算机中的存储位置。

剪切与移动的功能相同，剪切是先把文件或文件夹复制到剪切板中，并将源文件或文件夹标记为剪切状态，然后使用粘贴功能把剪贴板中的文件或文件夹粘贴到目标位置，同时删除源文件或文件夹。

可以采用下面方法之一移动文件或文件夹。

1. 用鼠标左键拖动实现移动

① 选定要移动的文件和文件夹。

② 按住鼠标左键不放，再按住 Shift 键不放，被拖动的图标下边显示"移动到×××"。

③ 将选定的文件和文件夹拖放到目标文件夹上，然后松开鼠标左键。

提示：在同一磁盘驱动器的各个文件夹之间拖动对象时，Windows 默认为是移动对象。在不同磁盘驱动器之间拖动对象时，Windows 默认为是复制对象。

为了在不同的磁盘驱动器之间移动对象，可以在拖动项目时按住 Shift 键不放。

2. 用鼠标右键拖动实现移动

① 选定要移动的文件和文件夹。

② 按住鼠标右键不放，再按住 Shift 键不放，被拖动的图标下边显示"移动到×××"。

③ 将选定的文件和文件夹拖动到目标文件夹上，然后松开鼠标右键。此时显示菜单，松开 Shift 键，单击"移动到当前位置"，就完成了移动操作。

3. 使用"移动到"

① 选定要移动的文件和文件夹。

② 在"主页"选项卡中单击"移动到"按钮，如图 4-42 所示。

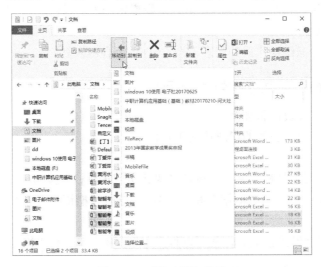

图 4-42　"移动到"按钮

③ 在下拉列表中列出了最近使用过的文件夹。如果列表中有目标文件夹，则单击该文件夹；如果没有，则单击列表底部的"选择位置"，将弹出"移动项目"对话框，浏览到目标驱动器或文件夹，也可以单击"新建文件夹"，选定目标文件夹后，单击"移动"按钮。

4. 使用剪切实现移动

① 选定要移动的文件和文件夹，按 Ctrl+X 组合键，或单击右键快捷菜单中的"剪切"命令，或在"主页"选项卡"剪切板"组中单击"剪切"按钮。

② 切换到目标驱动器或文件夹，按 Ctrl+V 组合键，或单击右键快捷菜单中的"粘贴"命令，或在"主页"选项卡"剪切板"组中单击"粘贴"按钮。

4.3.7　文件和文件夹的属性、隐藏或显示

文件、文件夹都有"只读""隐藏"等属性，这是为文件安全而设置的。在默认情况下，"隐藏"的文件或文件夹在文件资源管理器中看不到。

1. 设置文件或文件夹的属性

如果要设置文件或文件夹为隐藏属性，可采用下面的方法：

① 选中要设置属性的某个文件或文件夹。

② 单击"主页"选项卡中的"属性"下拉箭头，在下拉列表中单击"属性"，如图 4-43 所示。也可以右击选中的文件或文件夹，在快捷菜单中单击"属性"命令。

图 4-43　设置文件属性

③ 在弹出的"属性"对话框的"常规"选项卡中，选中"隐藏"项。

④ 最后单击"确定"按钮。

如果设置的是文件夹，还将显示"确认属性更改"对话框，如图 4-44 所示，选择应用范围后，单击"确定"按钮。

图 4-44　"确认属性更改"对话框

2. 显示隐藏的文件和文件夹

Windows 默认不显示系统文件、隐藏属性的文件。如果某个文件、文件夹处于隐藏状态，希望将其显示出来，则需要先设置资源管理器，使之显示全部隐藏文件才能看到该文件。常用下面两种方法。

① 利用"查看"选项卡的"显示/隐藏"组

在"查看"选项卡的"显示/隐藏"组中，选中"隐藏的项目"。可以看到，在内容窗格中，具有隐藏属性的文件或文件夹的名称前的图标，比正常情况下颜色淡了一些，如图 4-45 所示。

图 4-45 "查看"选项卡的"显示/隐藏"组

如果取消复选"隐藏的项目"，则不显示被隐藏的文件或文件夹。

② 利用"文件夹选项"

在"查看"选项卡中，单击"选项"按钮，将弹出"文件夹选项"对话框，如图 4-46 所示。在"高级设置"中，选中"显示隐藏的文件、文件夹和驱动器"项，取消复选"隐藏已知文件类型的扩展名"项。

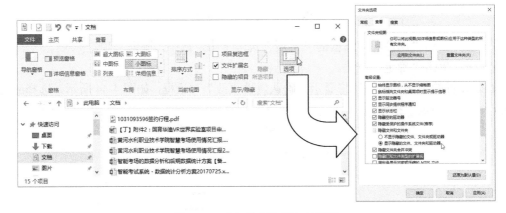

图 4-46 "文件夹选项"对话框

4.3.8 打开或编辑文件或文件夹

可以打开或编辑 Windows 中的文件或文件夹以执行各种任务。

1. 打开文件夹

通常是在文件资源管理器中打开文件夹。打开文件夹的方法主要有以下几种：

① 在导航窗格中单击该文件夹名称。

② 在内容窗格中双击该文件夹名称。

③ 在"主页"选项卡的"打开"组中，单击"打开"按钮，如图 4-47 所示。

图 4-47　"主页"选项卡的"打开"组

以上方法都将在资源管理器中打开该文件夹，显示该文件夹中的内容，它不会打开其他程序。

2. 打开文档

若要打开文档，必须已经安装一个与其关联的程序。通常，该程序与用于创建该文档的程序相同。打开文档的方法主要有以下几种：

① 双击要打开的文档文件，将使用默认程序打开该文件。

双击文件时，如果该文件尚未打开，默认的相关联的程序会自动将其打开。例如，双击用"画图"绘制的一个.png 文件，将在"画图"程序中打开该文件。

如果无法关联应用程序，将显示"你要如何打开这个文件？"对话框，如图 4-48 所示，选择需要打开这类文件的应用程序，单击"确定"按钮，将用选定的程序打开该文件。

② 在"主页"选项卡中的"打开"组中，单击"打开"后的，从下拉选项中单击需要的应用程序，如图 4-49 所示。

图 4-48　"你要如何打开这个文件"对话框

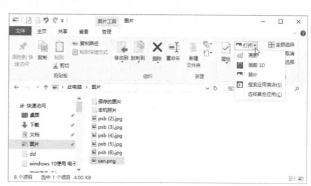

图 4-49　"打开"下拉选项

③ 右键单击文件，在快捷菜单中指向"打开方式"，然后单击需要的程序，如图 4-50 所示。

提示：如果看到一条消息，内容是"Windows 无法打开文件"，则可能需要安装能够打开这种类型文件的应用程序，或者手工指定需要的应用程序。

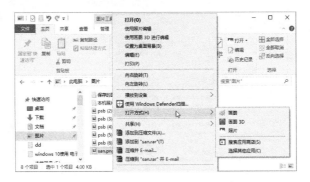

图 4-50　文件的快捷菜单

3．编辑文件

在"主页"选项卡中的"打开"组中还有一个"编辑"按钮，当选中文档文件时，"编辑"按钮可用。

单击"编辑"按钮时，将在关联的应用程序中打开该文档文件，并可以编辑，其功能与"打开"相同。

提示：如果选中的是不可编辑的非文档文件，则"编辑"按钮不可用。

4．更改打开某种类型的文件的程序

文件类型同时也决定着打开此文件所用的程序，例如，.docx 文件是由 Word 创建的，只要在该文件上双击就自动运行默认的程序来打开该文件。

一般情况下，在安装应用程序时会自动关联程序，但是有时会出现关联错误，或者找不到关联程序，或者有多个关联程序。

此时，我们可以为单个文件更改此设置，也可以更改此设置让 Windows 使用所选的程序打开同一类型的所有文件。常用方法有下面两个。

（1）通过"主页"选项卡中的"打开"选项

① 选中要更改关联的文件。

② 在"主页"选项卡中的"打开"组中，单击"打开"后的 ，从下拉选项中单击"选择其他应用"，如图 4-51 所示。

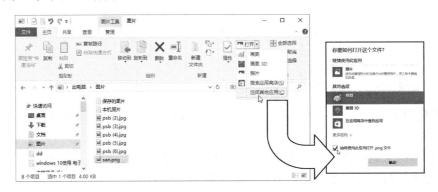

图 4-51　选择关联的文件

③ 在弹出的"你要如何打开这个文件"对话框中，如果只需使用该应用程序打开这个文档一次，则选中应用程序后，单击"确定"按钮。如果希望双击该类型的文件默认关联到此应用程序，则复选"始终使用此应用打开.xxx 文件"后，然后单击"确定"按钮。

（2）通过右键菜单

① 右键单击要更改关联的文件。

② 在快捷菜单中指向"打开方式"，从子菜单中单击"选择其他应用"，如图 4-52 所示。

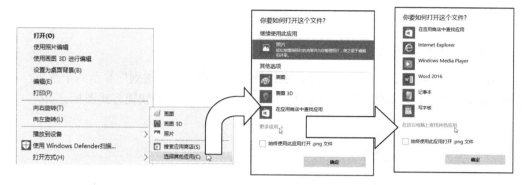

图 4-52　选择其他应用

③ 在"你要如何打开这个文件"对话框中，单击"更多应用"按钮。

④ 继续移动滚动条，单击底部的"在这台电脑上查找其他应用"。

⑤ 在弹出的"打开方式"对话框中，如图 4-53 所示，在程序文件夹找到关联程序（.exe、.pif、.com、.bat、.cmd），单击选中。然后单击"打开"按钮。

图 4-53　"打开方式"对话框

4.3.9　添加文件或文件夹的快捷方式

快捷方式是 Windows 提供的一种快速启动应用程序、打开文件或文件夹的方法，它是链接到应用程序、文件或文件夹的图标，而不是应用程序、文件或文件夹本身，所以删除某快捷方式并不会删除其链接到的应用程序、文件或文件夹。

判断桌面上、文件夹中的图标是否为快捷方式，只需查看该图标的左下角是否有一个小箭头。如果有小箭头，则该图标是某个应用程序、文件或文件夹的快捷方式。如果图标上没有小箭头，则表示该应用程序、文件或文件夹是在桌面上、文件夹中创建或保存的。

把鼠标指针放置在快捷方式图标上，将提示其存储位置；而在桌面上、文件夹中保存的项目，提示中没有保存位置，如图 4-54 所示。

图 4-54　桌面图标和文件夹中的快捷方式图标

为应用程序、文件或文件夹创建快捷方法的方法如下。

1. 创建桌面快捷方式

右键单击应用程序、文件或文件夹，在快捷菜单中指向"发送到"显示其子菜单，单击"桌面快捷方式"，如图 4-55 所示。在桌面上将出现一个该项目的快捷方式图标。

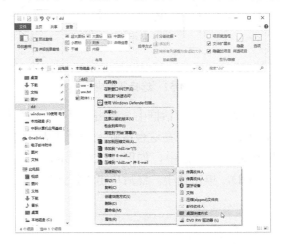

图 4-55　创建桌面快捷方式

2. 粘贴快捷方式

① 复制想要创建快捷方式的应用程序、文件或文件夹。

② 定位到想要创建快捷方式的位置（桌面、硬盘分区、文件夹、网络等）。

③ 在内容窗格中用鼠标右键单击空白位置，在快捷菜单中单击"粘贴快捷方式"，如图 4-56 所示。

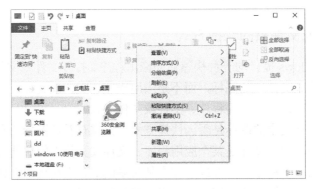

图 4-56　粘贴快捷方式

或者在"主页"选项卡的"剪贴板"组中单击"粘贴快捷方式",如图 4-57 所示。这时目标位置将出现该项目的快捷方式。

图 4-57　"剪贴板"组的"粘贴快捷方式"

3．链接快捷方式

可以新建一个空白快捷方式,然后将这个快捷方式链接到指定的文件。方法为:

① 在桌面或文件夹中,右键单击空白区域,在快捷菜单上指向"新建",显示其子菜单,单击"快捷方式",如图 4-58 所示。

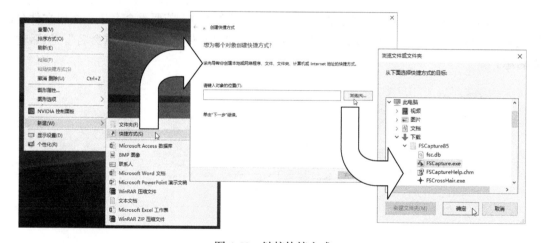

图 4-58　链接快捷方式

② 在弹出的"创建快捷方式"对话框中,单击"浏览"按钮。

③ 在打开的"浏览文件或文件夹"对话框中,选择指定的文件,然后单击"确定"按钮。

④ 返回到"创建快捷方式"对话框后,单击"下一步"按钮。

⑤ 输入该快捷方式的名称后,单击"完成"按钮。

4.3.10　文件或文件夹的压缩与解压缩

文件的无损压缩也称为打包,压缩后的文件占据较少的存储空间,与未压缩的文件相比,由于文件缩小了,可以更快速地通过网络传输到其他计算机。压缩包中的文件不能直接打开,要解压缩后才可以使用。

Windows 10 自带压缩和解压缩功能,其他专业的压缩和解压缩程序还有 WinRAR、BandiZip、7-Zip、WinZip 等,常见的压缩文件格式是.rar、.zip。

1. 压缩文件或文件夹

可以采用与使用未压缩的文件和文件夹相同的方式来使用压缩文件和文件夹。还可以将几个文件合并到一个压缩文件夹中。压缩文件或文件夹的步骤为：

① 选中要压缩的文件或文件夹。

② 右键单击该文件或文件夹，在快捷菜单中指向"发送到"，在其子菜单中单击"压缩（zipped）文件夹"，如图 4-59 所示。

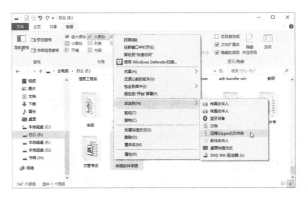

图 4-59　发送到压缩文件夹

③ 此时将在相同的位置创建新的压缩文件夹（压缩包）。若要重命名该压缩包文件名，输入新的文件名，如图 4-60 所示；或者右键单击压缩包文件名，单击"重命名"，然后输入新名称。

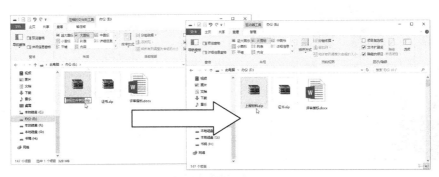

图 4-60　重命名压缩包文件名

提示：如果在创建压缩文件夹后，还希望将新的文件或文件夹添加到该压缩文件夹中，可以将要添加的文件直接拖到压缩文件夹即可。

2. 解压缩文件或文件夹

当需要打开压缩文件夹（压缩包）中的文件时，需要先把压缩文件解压缩。文件解压缩后与原来的文件完全相同，不会有丝毫损失。从压缩文件夹中提取（解压缩）文件或文件夹的步骤为：

① 找到要从中提取文件或文件夹的压缩文件夹。

② 如果要提取单个文件或文件夹，则双击压缩包文件。打开压缩文件后显示如图 4-61 所示。然后，将要提取的文件或文件夹从压缩文件夹拖动到新位置。也可以采用复制、剪切

等操作。

图 4-61　压缩包文件夹

③　如果要提取压缩文件夹的所有内容，右键单击文件夹，从快捷菜单中单击"全部解压缩"，将弹出的"提取压缩（Zipped）文件夹"对话框，如图 4-62 所示，按照说明操作即可。

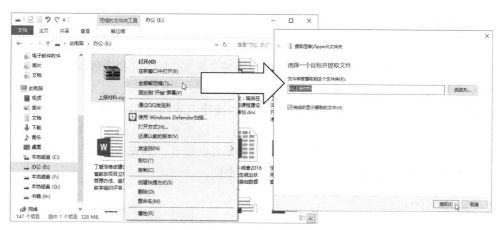

图 4-62　"提取压缩（Zipped）文件夹"对话框

4.3.11　删除文件和文件夹

可以将不需要的文件或文件夹删除，以释放存储空间。从硬盘中删除文件和文件夹时，不会立即将其删除，而是将其存储在回收站中。

选中一个或多个文件和文件夹后，可以用以下方法之一将其删除：

①　右键单击要删除的文件和文件夹，在快捷菜单中单击"删除"。

②　按键盘上的 Delete 键。

③　把要删除的文件和文件夹拖动到"回收站"中。

④　在资源管理器的"主页"选项卡的"组织"组中，单击"删除"按钮。

⑤　若要永久删除文件和文件夹，而不是先将其移至回收站，在"主页"选项卡的"组织"组中，单击"删除"下拉箭头，从下拉列表中单击"永久删除"命令，如图 4-63 所示，将弹出"删除多个项目"对话框，单击"是"按钮。

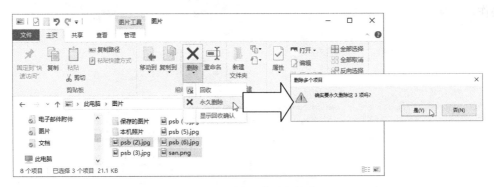

图 4-63　删除文件或文件夹

⑥ 永久删除文件和文件夹也可按 Shift+Delete 组合键。

提示：如果从网络文件夹、USB 闪存驱动器或移动硬盘删除文件和文件夹，则可能会永久删除该文件和文件夹，而不是将其存储在回收站中。

对于永久删除的文件和文件夹，通过专用的数据恢复工具软件，有可能将其恢复。

4.4　使用回收站

回收站是微软 Windows 操作系统中的一个系统文件夹，默认在每个硬盘分区根目录下的 Recovery 文件夹中，而且是隐藏的。

回收站中保存了删除的文件、文件夹、图片、快捷方式和 Web 页等。当用户将文件删除后，系统将其移到回收站中，实质上就是把它放到了这个文件夹，仍然占用磁盘空间。这些项目将一直保留在回收站中，存放在回收站的文件可以恢复，只有在回收站里删除它或清空回收站才能使文件真正地删除，为硬盘释放存储空间。

4.4.1　回收站的操作

"回收站"的显著特点就是扔进去的东西还可以"捡回来"。

1. 恢复回收站中的文件

从计算机上删除文件、文件夹和快捷方式时，文件实际上只是移动到并暂时存储在回收站中，直至回收站被清空。因此，可以恢复删除的文件，并恢复到其原来的位置。

在桌面上双击"回收站"，或者在导航窗格中单击"回收站"，将打开"回收站"窗口。

（1）恢复选定的项目

选中要恢复的文件、文件夹和快捷方式等项目，可以选中多个项目，然后在"回收站工具-管理"选项卡中，单击"还原选定的项目"，如图 4-64 所示。

或者，右键单击选中的项目，从快捷菜单中单击"还原"，如图 4-65 所示。

（2）还原所有项目

在"回收站工具-管理"选项卡的"还原"组中，单击"还原所有项目"。

（3）剪切

可以剪切回收站中的项目，然后再粘贴到目标位置。方法为：

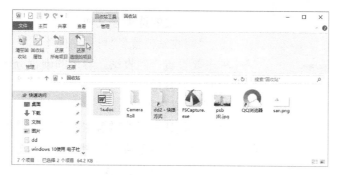

图 4-64　还原选定的项目

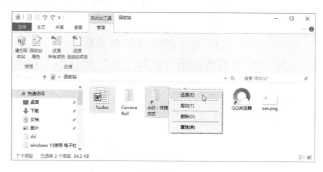

图 4-65　通过快捷菜单还原项目

① 选中项目后，按 Ctrl+X 组合键；或者右键单击选中的项目，从快捷菜单中单击"剪切"。
② 选择目标文件夹。
③ 按 Ctrl+V 组合键，或在"主页"选项卡的"剪贴板"组中单击"粘贴"。

提示：为了便于查看回收站中的项目，可以按不同方式重排项目，或者按不同大小的图标显示项目。

2．永久删除回收站中的文件

利用"回收站"删除文件仅仅是将文件放入"回收站"，并没有释放它们所占用的硬盘空间，因此有时需要永久删除文件或清空"回收站"。方法为：

（1）永久删除某些文件

在"回收站"窗口中，选中要删除的项目，按 Delete 键，将显示"删除文件"对话框，然后单击"是"。

（2）删除所有文件

在"回收站工具-管理"选项卡中，单击"清空回收站"，将弹出"删除多个项目"对话框，单击"是"。

如果要在不打开回收站的情况下清空回收站，可以右键单击"回收站"，从快捷菜单中单击"清空回收站"命令。

提示：清空"回收站"或在"回收站"中删除指定项目后，被删除的内容将无法恢复。

4.4.2　回收站的属性

在"回收站工具-管理"选项卡中，单击"回收站属性"，或者在桌面上用鼠标右击"回收站"，在快捷菜单中单击"属性"，均将弹出"回收站属性"对话框，如图 4-66 所示。

图 4-66　"回收站属性"对话框

其中，主要的选项含义如下。

① "回收站位置""可用空间"

单击要设置"回收站"容量的硬盘分区。"可用空间"显示硬盘的可用容量。

② 自定义大小

设置回收站占用的磁盘空间容量，单位上 MB。注意，回收站占用的最大容量值不能超过该磁盘分区的"可用空间"。

③ 不将文件移到回收站中

选用本项，将停止使用回收站，所有删除的文件将直接永久删除。

④ 显示删除确认对话框

选中本项，在每次删除文件时都将显示"删除文件"对话框，如图 4-67 所示。

图 4-67　"删除文件"对话框

4.5　使用快速访问区

"快速访问"是 Windows 10 的一项新功能，它会自动记录用户的操作，把最常用的文件夹、位置和最近使用过的文件显示在"快速访问"中，从而实现快速打开。并且当用户打开文件资源管理器时，默认首先显示"快速访问"。

在"导航窗格"中，默认显示 4 个常用文件夹，分别是桌面、下载、文档、图片，并一直固定在快速访问中，如图 4-68 所示。随着文件夹的使用频次，快速访问中的文件夹会动态更换。

图 4-68　快速访问中的默认文件夹

"内容窗格"上半部显示"常用文件夹"，与"导航窗格"中显示的文件夹一致，包括固定在快速访问区中文件夹和用户最常访问的若干个文件夹。它不仅支持本地设备上的文件夹，还能支持 OneDrive 上的文件夹。

"内容窗格"下半部显示"最近使用的文件"，这里显示最近访问过的文件名，按照最近访问时间的先后排列。

1. 将文件夹固定到"快速访问"

系统会根据频次，动态地把文件夹添加到快速访问区。如果希望把某文件夹添加到快速访问区，可以使用下面方法：

① 选择要添加到快速访问区的文件夹。

② 右键单击该文件夹，例如"组件"文件夹，在快捷菜单中单击"固定到'快速访问'"命令，如图 4-69 所示，或者单击"主页"选项卡中的"固定到'快速访问'"按钮。

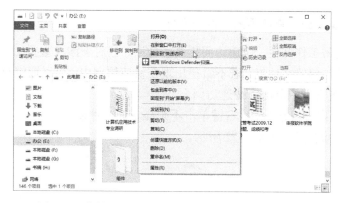

图 4-69　快捷菜单中的"固定到'快速访问'"命令

③ 在文件资源管理器导航窗格中单击"快速访问"，可看到已经将"组件"文件夹添加到了快速访问列表，并且有按钉图标，如图 4-70 所示。

图 4-70　添加到快速访问区的文件夹列表

2. 从快速访问区中取消固定的文件夹

如果想把快速访问区中的文件夹取消，则在快速访问列表中，右键单击要取消固定的文件夹，从快捷菜单中单击"从'快速访问'取消固定"命令，如图 4-71 所示。

图 4-71　取消固定的快捷菜单

提示：取消固定并不会删除该文件夹和文件。

3. 取消最新浏览或经常使用的文件或文件夹

对于普通的日常工作文件，快速访问提高了效率，但对于涉及重要（私密）信息的文件，或是不再需要频繁访问的文件夹，若不希望出现在快速访问中，可以取消显示。操作方法为：

① 在"导航窗格"中单击"快速访问"。

② 在右侧的"内容窗格"中，右键单击不想显示的文件或者文件夹，在快捷菜单中单击"从'快速访问'中删除"，如图 4-72 所示。

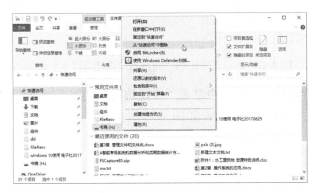

图 4-72　从"快速访问"中删除

提示：执行此操作不会删除文件或文件夹，只是使其不再显示在"快速访问"区中。

4. 设置快速访问区

当打开文件资源管理器时，默认首先显示"快速访问"，我们也可以设置其首先显示"此电脑"。设置方法为：

① 在"查看"选项卡中单击"选项"，将弹出"文件夹选项"对话框的"常规"选项卡，如图 4-73 所示。

② 单击"打开文件资源管理器时打开"项右侧文本框的下拉箭头，在下拉列表中，选中"此电脑"。

③ 再次打开文件资源管理器后，可以看到首先显示的是"此电脑"。

图 4-73　"文件夹选项"对话框

提示：如果希望暂时一次性清除所有在文件资源管理器中显示的、最新浏览或经常使用的文件或文件夹的历史记录，可以在"文件夹选项"对话框中，单击"清除"按钮。

如果不希望系统记录任何常用文件夹或者最近使用的文件，可在"文件夹选项"对话框中，取消"隐私"中的两项勾选，以便取消快速访问功能。

习 题 4

1. 在 Windows 中，要将当前窗口放入剪贴板应该按什么快捷键？

2. 在 Windows 文件资源管理器窗口右侧选定所有文件，如果要取消其中几个文件的选定，应进行什么操作？

3. 在选定硬盘上的文件或文件夹后，不将文件或文件夹放到"回收站"中，而直接进行删除的操作是什么？

4. 完成下列操作：

（1）在 C 盘中，搜索以.docx 为后缀名的文件，新建名为"文档"的文件夹，将搜索到的文件复制到该文件夹中。

（2）在 C 盘中，搜索以.jpg 为后缀名的文件，新建名为"图片"的文件夹，将搜索到的文件复制到该文件夹中。

（3）在 C 盘中，搜索以.wav 为后缀名的文件，新建名为"音乐"的文件夹，将搜索到的文件复制到该文件夹中。

5. 使用文件资源管理器完成下列操作：

（1）将上题中的"文档"文件夹复制到 D 盘根目录中。

（2）将 D 盘"文档"文件夹中的内容复制到 D 盘的"备份"文件夹中。

（3）打开 D 盘"备份"文件夹，将其内容按"详细信息"方式排列。

（4）将 D 盘的"备份"文件夹固定到快速访问区。

6. 使用文件资源管理器完成下列操作：

（1）建立"练习"文件夹，并在该文件夹下分别建立 Lx1、Lx2 和 Temp 子文件夹。

（2）在 Lx1 文件夹中新建一个名为 Book1.txt 的文本文档。

（3）在"练习"文件夹中，再新建一个 Good 文件夹，把 Lx1 文件夹及其中的文件复制到 Good 文件夹中。把 Lx2 文件夹移动到 Good 文件夹中。

（4）把 Lx2 文件夹设置为隐藏属性。

（5）删除 Temp 文件夹。

第 5 章

文件和文件夹的高级操作

在上一章介绍了文件和文件夹的基本操作，除了前面介绍的常用操作外，Windows 10 还提供了更加实用的文件操作功能。例如，文件或文件夹的快速搜索功能、共享功能、加密功能等。本章主要介绍文件或文件夹的快速搜索技巧，共享文件或文件夹以便协同工作的技巧，加密文件或文件夹以便保证资料隐私的技巧，使用库便捷访问文件和文件夹的技巧，使用OneDrive 云存储的技巧等。

5.1　搜索文件或文件夹

计算机硬盘上存取了非常多的文件，我们平时用到的文件都是放在硬盘中的，随着硬盘的容量越来越大，文件越来越多，我们在查找所需要的文件时也会越来越困难。

Windows 提供了查找文件和文件夹的多种方法。可以使用"开始"菜单上的搜索框来查找存储在计算机上的文件、文件夹和程序。如果知道要查找的文件位于某个特定文件夹或库中，为了节省时间，可使用文件资源管理器窗口顶部的搜索框来快速查找文件或文件夹。但是，在想找一个文件时，如果想不起文件的具体名称，连格式都忘了，只记得一些零散的内容，如果一个条件一个条件分多次进行搜索和筛选，就会大大降低工作效率。使用下面介绍的多条件搜索就可以解决这个困扰。

1．简单搜索

① 在导航窗格中确定搜索的位置。

② 在搜索框中输入关键词。输入时，系统根据输入的关键词动态筛选，以匹配输入的每个连续字符。随着输入的关键字越来越完整，符合条件的文件和文件夹也越来越少。

③ 看到需要的文件或文件夹后，可对需要的文件和文件夹进行操作。

例如，打开的文件夹为 E 盘，如图 5-1 所示，假设要查找含有"计算机"的文件和文件夹，在搜索框中输入"计算机"。输入后，系统将自动进行筛选。

2．多关键词搜索

如果仅仅使用一个关键词查找到的文件较多，可以尝试使用多个关键词。关键词之间用空格隔开，如图 5-2 所示。这样可以大大加快查找速度。

图 5-1　简单搜索

图 5-2　多关键词搜索

3. 搜索指定类型的文件

如果要基于一个或多个属性（如文件类型）搜索文件，可以在输入文本后，再通过"搜索工具-搜索"选项卡中的某一属性来缩小搜索范围。

假如要搜索 Word 文档 doc 文件，如图 5-3 所示，输入关键字后，可以单击"其他属性"中的"类型"项，此时搜索框中显示"类型："，在其后面输入"=.doc"，就可以搜索到需要的文件了。

图 5-3　搜索指定类型的文件

4. 按照修改日期搜索

例如，在搜索框中输入"计算机"后，单击"搜索工具-搜索"选项卡中的"修改日期"下拉箭头，从下拉列表中选择"上月"，如图 5-4 所示，可以大大提高搜索效率。

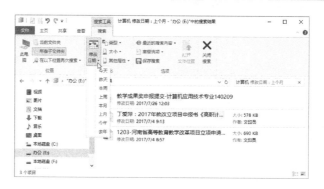

图 5-4　利用修改日期搜索

5．按照文件大小搜索

可以单击"大小"下拉箭头，从下拉列表中选择文件大小的范围，如图 5-5 所示，进一步缩小搜索结果的范围。

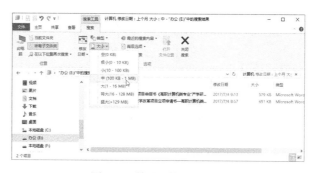

图 5-5　利用文件大小搜索

5.2　共享文件或文件夹

5.2.1　共享文件夹

共享文件夹是指某个计算机用来和其他计算机之间相互分享的文件夹，所谓的共享就是分享的意思。在 Windows 10 中设置共享文件夹非常方便。

① 打开文件资源管理器，找到要共享的文件夹。

② 右键单击要共享的文件夹，在快捷菜单中，将鼠标移动到"共享"上，在子菜单中单击"特定用户"，如图 5-6 所示。

③ 在弹出的"文件共享"对话框中，单击"选择要与其共享的用户"下面的下拉箭头，在下拉列表中选择要共享的用户。

④ 单击"添加"按钮，共享的用户就显示在下面的方框中。

⑤ 单击"权限级别"下拉箭头，可以设置权限，如图 5-7 所示。如果选择"读取"，表示是只读模式；如果选择"读取/写入"，表示允许网络用户更改此文件夹中的文件。

⑥ 设置好后，单击"共享"按钮。接着系统设置共享文件夹，需要等待几分钟。

⑦ 直到系统提示共享文件夹设置成功，单击"完成"按钮，如图 5-8 所示。

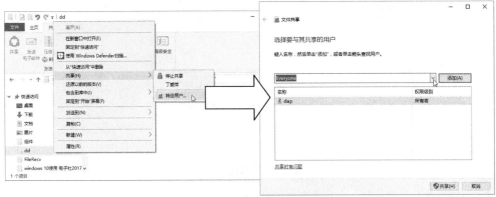

图 5-6　"文件共享"对话框

图 5-7　设置权限

图 5-8　完成共享

5.2.2　共享文件

共享文件是指在网络环境下，多个用户可以同时打开或使用同一个文件或数据。要想实现文件的局域网共享访问，就必须创建并加入"家庭组"才行。设置方法如下：

① 单击"开始"菜单中的"设置"按钮，打开"Windows 设置"控制面板，如图 5-9 所示。

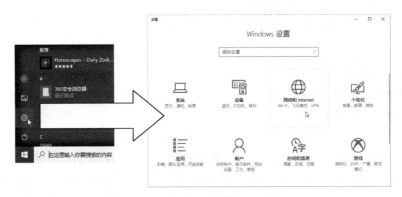

图 5-9　"Windows 设置"控制面板

② 单击"网络和 Internet"项，将弹出"状态"页面，如图 5-10 所示，从中找到并单击

"家庭组"项。

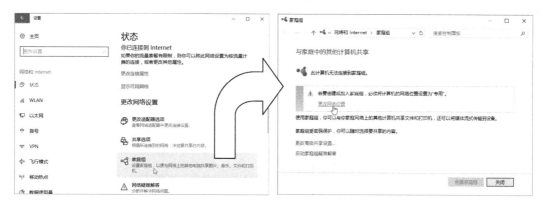

图 5-10   "状态"页面

③ 从打开的"家庭组"页面中，单击"更改网络设置"项。

④ 在弹出的"网络"窗口中，如图 5-11 所示，单击"是"按钮返回到"家庭组"页面，并提示"正在搜索网络上的家庭组"，稍等片刻。

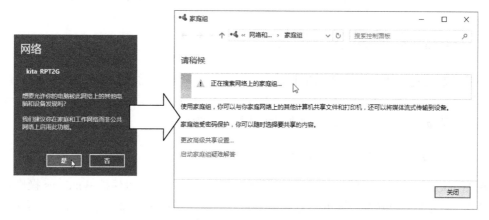

图 5-11   "网络"窗口

⑤ 完成搜索家庭组后，提示"网络上当前没有家庭组"，单击"创建家庭组"按钮，如图 5-12 所示。

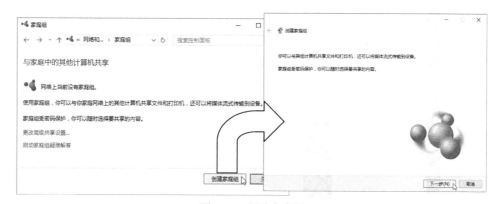

图 5-12   创建家庭组

⑥ 从打开的"创建家庭组"页面中，单击"下一步"按钮。

⑦ 按照向导进行操作，选择要共享的文件内容后，单击"下一步"按钮，如图 5-13 所示。

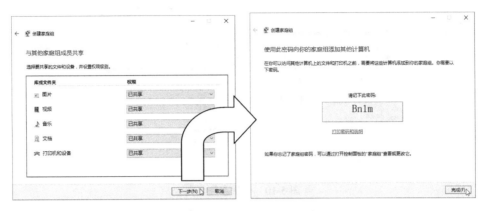

图 5-13　选择共享的文件内容

⑧ 待创建"家庭组"完成后，将弹出家庭组密码页面，记下此家庭组密码，使用它可以将其他计算机通过"家庭组密码"添加到本家庭组中，以实现文件共享访问。

5.3　加密文件或文件夹

不管是在公司上班，还是在家里私人的计算机中，我们经常会存储一些重要的文件，虽然非常方便，但是由于现在黑客木马比较猖獗，一旦计算机重要文件泄密，将会带来各种可怕的后果。为此，需要采取有效的举措保护计算机文件安全。

5.3.1　使用 BitLocker 加密驱动器

在 Windows 10 中，系统自带 BitLocker 驱动器加密功能，可以保护 Windows 操作系统和用户数据，并帮助用户确保计算机的文件即使在无人参与、丢失或被盗的情况下也不会被篡改。

使用方法为：

① 在 Cortana（小娜）的输入框中输入"控制面板"，找到后单击"控制面板"项，打开"控制面板"窗口，如图 5-14 所示。

图 5-14　"控制面板"窗口

② 单击"系统和安全"项，在弹出的"系统和安全"窗口中，如图 5-15 所示，点击"BitLocker 驱动器加密"。

图 5-15　"系统和安全"窗口

③ 选择要加密的驱动器。由于 BitLocker 加密时间较长，我们以 U 盘为例进行演示。

④ 选择驱动器后，单击"启用 BitLocker"，系统会对驱动器进行初始化，如图 5-16 所示。

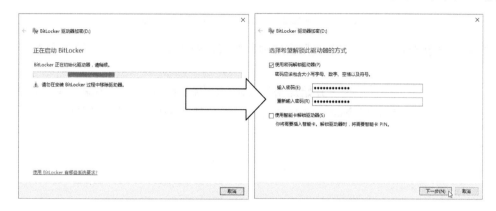

图 5-16　系统对驱动器初始化

⑤ 在弹出的"选择希望解锁此驱动器的方式"窗口中，选中"使用密码解锁驱动器"，输入密码后，单击"下一步"按钮。

⑥ 在弹出的"你希望如何备份恢复密钥"窗口中，如图 5-17 所示，选择保存密钥的方式避免忘记密码。例如，可以选择"保存到文件"，此时将弹出"另存为"对话框，单击"保存"按钮返回到"你希望如何备份恢复密钥"窗口。

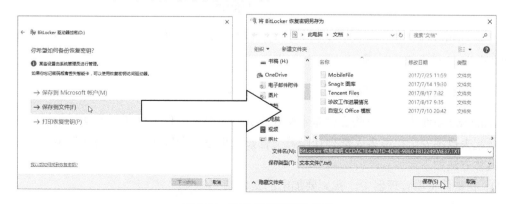

图 5-17　选择保存密钥的方式

⑦ 单击"下一步"按钮，在"选择要加密的驱动器空间大小"窗口中，选择是加密已用磁盘空间还是整个驱动器，在此选择"仅加密已用磁盘空间"，如图 5-18 所示，然后继续单击"下一步"按钮。

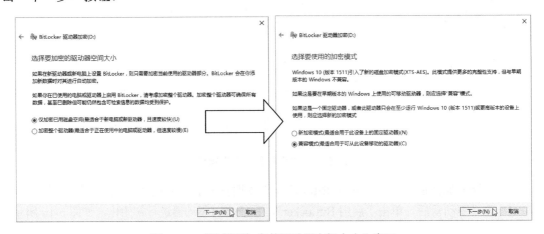

图 5-18   "选择要加密的驱动器空间大小"窗口

⑧ 在"选择要使用的加密模式"窗口中，建议选中"兼容模式"，继续单击"下一步"按钮。

⑨ 在弹出的窗口中，单击"开始加密"按钮，如图 5-19 所示。接下来就是漫长的等待。加密完成后，以后在使用 U 盘时，将 U 盘插入计算机输入密码就可以访问文件了。

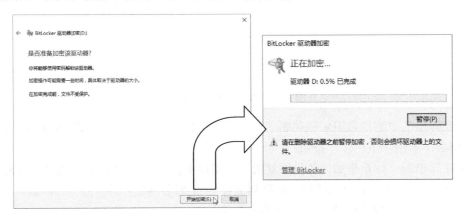

图 5-19   开始加密

提示：BitLocker 总体来说安全性比较高，操作也比较简单。但是，加密后的驱动器只能在 Windows 系统下进行解密。

5.3.2   加密文件或文件夹

Windows 系统中总有一些文件是不想让别人看见的，我们当然可以把文件隐藏起来。但是隐藏起来也不安全，很多人都会让隐藏文件显示出来。所以还是需要给文件夹加密。

具体方法如下：

① 在文件资源管理器中，找到要加密的文件或文件夹。

② 右键单击该文件或文件夹，在快捷菜单中单击"属性"命令，打开"属性"窗口，如图 5-20 所示。

图 5-20 "属性"窗口

③ 在"常规"选项卡中，单击"高级"按钮。

④ 在"高级属性"对话框中，如图 5-21 所示，选中"加密内容以保证安全"项，单击"确定"按钮。

⑤ 返回到"属性"窗口后再单击"确定"按钮，将弹出"确认属性更改"对话框，如图 5-22 所示，确认选择将加密应用于此文件夹以及子文件夹和文件，然后单击"确定"按钮。

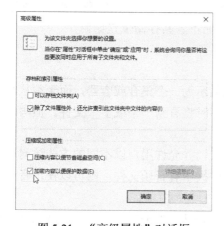

图 5-21 "高级属性"对话框

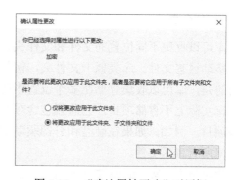

图 5-22 "确认属性更改"对话框

文件加密以后，可以看到该文件或文件夹图标右上角中有一个锁的标志，那么就意味着已经被成功加密。

大家也许存在疑问，为什么此处的加密文件不需要输入密码呢？这是因为，此处的文件加密意味着该文件只能在本计算机中的本账户打开，如果将文件复制到其他计算机或者本计算机的其他账户中，是不可以打开的。

可以通过下面的方法查看是否被加密：单击"高级属性"窗口中的"详细信息"按钮，在"用户访问"对话框中，如图 5-23 所示，可以看出此文件的确是被加密了，但是加密的密码是系统自动识别的。由于是本账户加密的文件，所以该账户对该文件拥有全部的权限，在不输入密码的情况下是可以轻松访问的。

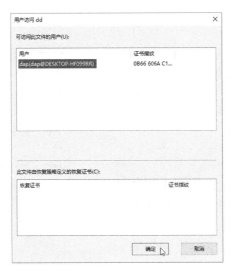

图 5-23　"用户访问"对话框

提示：通过以上设置后，再用该账户登录打开文件或文件夹时，不需要密码。如果给别人新建几个账户，就无法打开这些文件。

5.4　使用库访问文件和文件夹

在 Windows 以前版本中，管理文件意味着在不同的文件夹和子文件夹中组织这些文件。在 Windows 10 中，还可以使用库组织和访问文件，而不管其存储位置如何。

1．什么是库

库可以收集不同位置的文件和文件夹，并将其显示为一个集合或容器，而无须从其存储位置移动这些文件。库类似于文件夹，例如，打开库时将看到一个或多个文件。但与文件夹不同的是，库可以收集存储在多个位置中的文件。

库实际上不存储项目，它监视包含项目的文件夹，并允许用户以不同的方式访问和排列这些项目。例如，如果在硬盘和外部驱动器上的文件夹中有音乐文件，则可以使用音乐库同时访问所有音乐文件。

简单地讲，Windows 文件库可以将我们需要的文件和文件夹集中到一起，就如同网页收藏夹一样，只要单击库中的链接，就能快速打开添加到库中的文件夹，而不管它们原来深藏在本地计算机或局域网当中的哪个位置。另外，它们都会随着原始文件夹的变化而自动更新，并且可以以同名的形式存于文件库中。

库可以使用与在文件夹中浏览文件相同的方式浏览文件。

2．在 Windows 10 中启动库

默认情况下，在 Windows 10 文件资源管理器中没有显示库，其实 Windows 10 系统提供了库功能。通过下面的方法可以启动库功能：

① 在打开文件资源管理器中，单击"查看"选项卡中的"选项"按钮。

② 在打开的"文件夹选项"对话框中，选择"查看"选项卡，如图 5-24 所示。

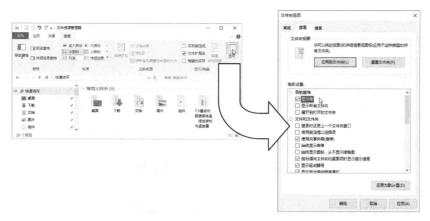

图 5-24 "文件夹选项"对话框

③ 在"高级设置"下，选中"显示库"项前的复选框。

④ 单击"确定"按钮保存退出设置窗口。

回到文件资源管理器中，就可以在左侧看到"库"了，点击后，可以在窗口右侧显示库的文件夹，如图 5-25 所示。

图 5-25 显示库

另外，还可以使用更简便的设置方法：在文件资源管理器的"查看"选项卡中，单击"导航窗格"下拉箭头，在下拉列表中选中"显示库"项，如图 5-26 所示，即可快速显示文件资源管理器中的库。

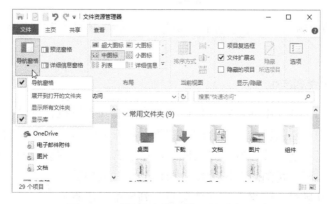

图 5-26 "导航窗格"的"显示库"项

3. 默认的库

默认在库中创建 4 个库，也可以新建库。以下是 4 个默认库及其内容：

① 文档库

使用该库可组织和排列文字处理文档、电子表格、演示文稿及其他与文本有关的文件。

② 图片库

使用该库可组织和排列数字图片，图片可从照相机、扫描仪或者从其他人的电子邮件中获取。

③ 音乐库

使用该库可组织和排列数字音乐，如从音频 CD 翻录或从 Internet 下载的歌曲。

④ 视频库

使用该库可组织和排列视频，例如取自数码相机、摄像机的剪辑，或者从 Internet 下载的视频文件。

4. 新建库

若要将文件复制、移动或保存到库，必须首先在库中包含一个文件夹，以便让库知道存储文件的位置，此文件夹将自动成为该库的默认保存位置。也可以为其他集合创建新库。创建新库的步骤为：

① 打开文件资源管理器，单击左窗格中的"库"。

② 在"主页"选项卡中，单击"新建项目"下拉列表中的"库"，如图 5-27 所示。

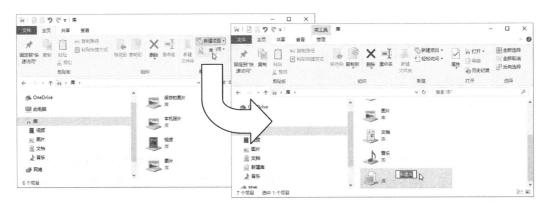

图 5-27　新建库

③ 右侧的库内容窗格中显示创建的"新建库"，输入库的名称（例如"诗词"），然后按 Enter 键。

5. 将文件夹包含到库中

库可以收集不同文件夹中的内容，可以将不同位置（计算机、移动硬盘、网络）的文件夹包含到同一个库中，然后以一个集合的形式查看和排列这些文件夹中的文件。例如，如果在移动硬盘上保存了一些图片，则可以在图片库中包含该移动硬盘中的文件夹，然后在该移动硬盘连接到计算机时，可随时在图片库中访问该文件夹中的文件。

将计算机、移动硬盘、网络上的文件夹包含到库中的步骤为：

① 打开 Windows 文件资源管理器。

② 在导航窗格（左窗格）中，单击"此电脑"或"网络"，然后找到要包含的文件夹。

③ 右键单击该文件夹，在快捷菜单中指向"包含到库中"，其中列出了默认的库和用户创建的库。单击需要包含进去的库名，如图 5-28 所示。

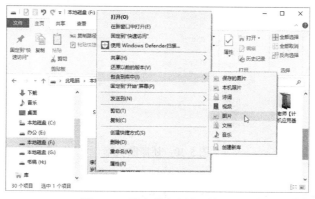

图 5-28　将文件夹包含到库中

提示：如果未看到"包含到库中"选项，则意味着该文件夹不能包含到库中。无法将可移动媒体设备（如 CD 和 DVD）和某些 USB 闪存驱动器上的文件夹包含到库中。

6．从库中删除文件夹

不再需要监视库中的文件夹时，可以将其删除。从库中删除文件夹时，不会从原始位置中删除该文件夹及其内容。从库中删除文件夹的步骤为：

① 打开 Windows 文件资源管理器。

② 在导航窗格（左窗格）中，浏览要从中删除文件夹的库。

③ 在导航窗格（左窗格）中展开该库，右键单击要删除的文件夹，从快捷菜单中单击"删除"，如图 5-29 所示。

图 5-29　从库中删除文件夹

7．删除库

如果删除库，在导航窗格（左窗格）中右键单击要删除的库，在显示的快捷菜单中单击"删除"。

如果意外删除 4 个默认库（文档、音乐、图片或视频）中的一个，可以在导航窗格中将其还原为原始状态，方法是：右键单击"库"，然后单击"还原默认库"，如图 5-30 所示。

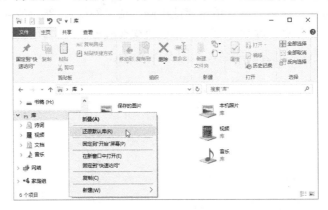

图 5-30　还原默认库

5.5　使用 OneDrive 云存储服务

OneDrive 是 Microsoft 提供的一项云存储服务，是 Microsoft 账户随附的免费网盘，可将用户的文件保存在其中，这样可以从任意 PC、平板电脑或手机的系统（Windows、Apple 或 Android）设备上免费安装 OneNote 应用，并随处访问存储的内容。

Microsoft 账户注册 OneDrive 后就可以获得一定量的免费存储空间。如果需要更多空间则需要付费。

OneDrive 提供的功能包括：自动备份相册、在线 Office、分享指定的文件、照片或者整个文件夹等功能。OneDrive 中存储的用户信息数据，采用高级加密标准和安全传输协议，以及公钥加密算法验证文件来保护个人数据的安全，所以不用担心 OneDrive 数据安全问题。

可以通过下面两种途径使用 OneDrive。

① 使用 OneDrive 网站。打开 https：//onedrive.live.com/网站，使用 Microsoft 账户登录到 OneDrive，就可以开始使用 OneDrive 存储文件。

② OneDrive 桌面应用程序。因为 Windows 10 已经集成 Microsoft 账户和 OneDrive 服务，通过 OneDrive 桌面应用程序途径访问 OneDrive 文件，更快、更易使用。

5.5.1　OneDrive 桌面版

Windows 10 中默认集成桌面版 OneDrive，支持文件或文件夹的复制、粘贴、删除等操作。当使用 Microsoft 账户登录计算机后，即可自动启用 OneDrive 服务。

1．第一次使用 OneDrive

第一次使用 OneDrive 前需要对 OneDrive 进行设置。

① 单击"开始"按钮，在应用列表中找到并单击"OneDrive"；也可以在文件资源管理器中的导航窗格中单击"OneDrive"。

② 在弹出的"欢迎使用 OneDrive"窗口中，如图 5-31 所示，输入 Microsoft 账户，单击"登录"按钮。

图 5-31 "欢迎使用 OneDrive"窗口

③ 在"输入密码"窗口中，输入 Microsoft 账户对应的密码，单击"登录"按钮。

④ 在本地 OneDrive 文件夹位置窗口中，如图 5-32 所示，单击"更改位置"可以设置本地 OneDrive 文件夹位置。或者直接单击"下一步"按钮。

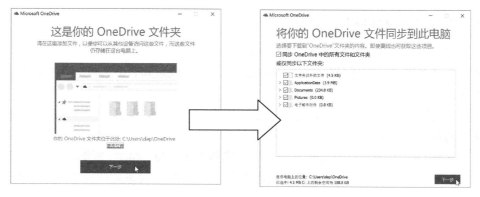

图 5-32 设置本地 OneDrive 文件夹位置

⑤ 在同步 OneDrive 中的文件夹窗口中，勾选需要同步的文件夹，然后单击"下一步"按钮。

⑥ 之后将会弹出一个教程窗口，用图文结合的方式清晰地展示 OneDrive 的基本用法。不断点击向右的箭头，在最后的窗口中，如图 5-33 所示，单击"打开我的 OneDrive 文件夹"按钮，将在文件资源管理器中打开本地 OneDrive 文件夹。

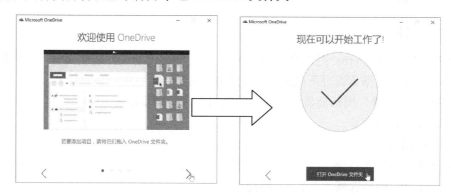

图 5-33 打开我的 OneDrive 文件夹

设置完成后，状态栏右端的通知区中出现云朵状的 OneDrive 图标，单击该图标会提示 OneDrive 更新情况，如图 5-34 所示；双击该图标，会在文件资源管理器中打开 OneDrive 文件夹。

图 5-34　OneDrive 更新情况和本地 OneDrive 文件夹

提示：本地 OneDrive 文件夹默认存储所有同步数据。

2．添加或上传文件到 OneDrive

可以像在本地硬盘分区上一样对文件进行各种操作。

若要将正在处理的文档保存到 OneDrive，请从保存位置列表中选择本地 OneDrive 文件夹中的相应文件夹。

若要将文件上传到 OneDrive，请打开文件资源管理器，然后将它们复制到本地 OneDrive 文件夹中的相应文件夹。

当对本地 OneDrive 文件夹中的文件或文件夹进行过上传、移动、复制、删除、还原删除、重命名等操作之后，OneDrive 会自动同步这些改动，并在状态栏图标中显示上传进度，如图 5-35 所示。

图 5-35　上传进度

当同步完成后，则在文件或文件夹的图标左上角显示绿色小对号。

3．同步文件

如果在未连接到 Internet 时改动本地 OneDrive 文件夹中的文件或文件夹，在重新连接网络时，OneDrive 会根据离线时所做的更改更新联机版本。

"文件资源管理器"图标会显示离线文件夹和文件的同步状态。

：与联机版本同步。

：正在同步。

：计算机的版本不同步。若要找出原因，请在任务栏右侧的通知区，右键单击（或长按）OneDrive，然后选择"查看同步问题"。

4. 设置 OneDrive

在状态栏的通知区中，右键单击 OneDrive 图标，在快捷菜单中单击"设置"命令，将显示"Microsoft OneDrive"对话框，其"设置"选项卡如图 5-36 所示，默认启动 Windows 10 时自动启动 OneDrive。

在"账户"选项卡中，如图 5-37 所示，单击"选择文件夹"按钮，将显示设置同步文件夹对话框，勾选需要同步的文件夹。

图 5-36 "设置"选项卡   图 5-37 "账户"选项卡

5. 关闭 OneDrive

如果不想使用 OneDrive，则可以关闭它，在计算机上将其隐藏。

在状态栏的通知区中，右键单击 OneDrive 图标，在快捷菜单中单击"退出"，如图 5-38 所示。

关闭 OneDrive 不会从 PC 中删除 OneDrive，而是使它停止与云同步，或者停止与其他应用连接。

提示：如果在云端的 OneDrive 中有文件或数据，在本地计算机上关闭 OneDrive 并不会导致云端文件或数据丢失。即始终可以通过登录 https: //onedrive.live.com/来访问你的文件。

6. 卸载 OneDrive

如果要卸载 OneDrive，可以按照下面的方法操作：

图 5-38 OneDrive 快捷菜单

① 在 Windows 10 中，单击"开始"菜单中的"设置"图标。

② 在打开的"Windows 设置"窗口中单击"应用"。

③ 在"应用和功能"下，查找和选择"Microsoft OneDrive"，然后选择"卸载"。如果系统提示输入管理员密码或进行确认，请输入密码或提供确认。

5.5.2 OneDrive 网页版

网页版 OneDrive 的功能比本地 OneDrive 多了许多。

1. 登录网页版 OneDrive

打开 https://onedrive.live.com/网页，输入 Microsoft 账户和密码；或者，在 Windows 10 状态栏右端的通知区中，右键单击 OneDrive 图标☁，在快捷菜单中单击"在线查看"，即可进入网页版 OneDrive。

进入网页登录后将显示 OneDrive 中的文件，如图 5-39 所示。

图 5-39　网页版 OneDrive 中的文件

提示：网页版 OneDrive 中的选项都在顶部菜单栏和左侧窗格中。单击 OneDrive，或在左侧窗格中单击 OneDrive 下的"文件"，可转入已同步到网络的文件目录。

2. 新建文件或文件夹

单击"新建"，显示新建列表，如图 5-40 所示。

图 5-40　"新建"选项

在 OneDrive 网页版中可以新建文件夹和 Office 文档。当创建 Office 文档时，将启动 Office Online，例如单击"Excel 工作簿"，启动 Excel Online，显示如图 5-41 所示。关闭浏览器网页的标签可关闭该编辑，Microsoft OneDrive 会自动保存在网页上编辑的文档内容。

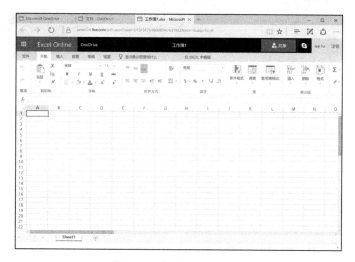

图 5-41　启动 Excel Online

右击保存在 OneDrive 中的文件或文件夹名，在快捷菜单中可以进行重命名、删除等操作；单击该文档名，可打开并在线编辑。可以拖动文件或文件夹，将其移动到其他文件夹中。

3．上传文件或文件夹

如果想要通过网页版上传文件或文件夹，单击"上传"下拉列表中的"文件"或"文件夹"，将显示"选择文件"或"选择文件夹"对话框，如图 5-42 所示，在本地硬盘上选择要上传的文件或文件夹，在选项栏上显示上传进度。网页版 OneDrive 支持上传最大单个 10GB 的文件。

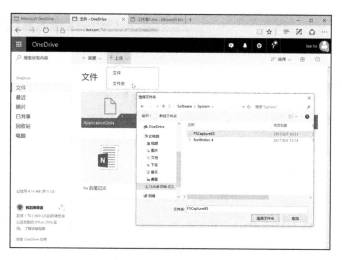

图 5-42　网页版 OneDrive

只要支持 HTML5 的浏览器，都能在网页版 OneDrive 中以拖拽的方式进行上传。例如，使用 IE11、Edge、Chrome 等浏览器，可以直接拖拽本地计算机中的文件或文件夹到网页版 OneDrive 文件列表中，如图 5-43 所示，程序会自动上传。

图 5-43　从文件资源管理器拖拽文件或文件夹到网页版 OneDrive

在文件上传过程中，可以继续浏览网页或使用 OneDrive，而无须等待上传任务完成。

4．共享 OneDrive 文件和文件夹

（1）共享文件或文件夹

OneDrive 的共享功能非常强大，在 OneDrive 网站上：

① 通过单击文件或文件夹右上角中的圆来选中该项目✅，也可以选中多个项目。

② 单击页面顶部的"共享"，如图 5-44 所示；或者右键单击选中的项目，在快捷菜单中单击"共享"。

图 5-44　选中共享项目

③ 在显示的"共享"对话框中，可以选择是否允许他人编辑，如果是付费用户还可以设置共享的到期日期。对于共享文件夹，具有编辑权限的用户可以复制、移动、编辑、重命名、共享和删除文件夹中的任何内容。然后选择共享选项方式"获取链接"或"电子邮件"。这里单击"获取链接"。

④ 单击对话框中的更多 ⌃ 可以显示更多共享方式。

⑤ 单击"复制"，如图 5-45 所示，将链接粘贴在电子邮件或其他位置。若要在社交网络上发布链接，请单击更多 ⌃，然后单击社交网络图标。

图 5-45　复制链接地址

（2）查看或更改共享

OneDrive 的共享功能在 Outlook.com 中更能体现出来。经由 Outlook.com 批量发送文件时，支持从 OneDrive 选择文件插入，以缩略图的形式在邮件中呈现浏览地址及下载链接，而且发送的文件不受邮箱附件容量限制。如果想要发送给用户或组的电子邮件邀请并跟踪邀请，可以选择电子邮件。如果需要，可以删除权限的特定人员或组。

① 单击"电子邮件"，显示如图 5-46 所示。输入电子邮件地址或联系想要与共享的人员的姓名，在需要时向收件人添加备注。

图 5-46　添加人员

② 单击"共享"按钮，以保存权限设置并发送带有指向项目的链接的邮件。

选中文件或文件夹，单击页面顶部的栏上的"详细信息"，显示详细信息窗格，如图 5-47 所示。点击"管理访问权限"，可在窗口更改权限级别，单击"添加人员"将显示共享对话框，可以添加电子邮件。

图 5-47　在详细信息窗格中添加人员

（3）停止共享项目

如果你是项目的所有者或具有编辑权限，则可以停止共享项目，或更改其他人对项目具有的权限。

① 选中共享的项目。

② 单击页面顶部的栏上的"详细信息" ⓘ，右侧将显示详细信息窗格。

③ 单击共享链接右端的禁用✖，如图 5-48 所示，在弹出的"删除链接"对话框中，单击"删除链接"，即可停止共享。

图 5-48　停止共享

（4）查看已共享的项目

在 OneDrive 网站上，在左侧窗格中单击"已共享"，则右侧显示已共享的项目，如图 5-49 所示，然后单击"由我共享"。

图 5-49　查看已共享的项目

5．国内打不开 OneDrive 的处理方法

由于众所周知的原因，国内有时打不开微软 OneDrive 网页版，但是客户端又能正常地使用，其上传和下载文件慢也是这个原因。

下面介绍通过更改 hosts 文件可以打开 OneDrive 网页版的方法。

① 首先修改当前用户，给予完全控制的权限。在 C：\Windows\System32\drivers\etc 下，右击 hosts，在快捷菜单中单击"属性"命令，如图 5-50 所示。

② 在弹出的"hosts 属性"对话框中，切换到"安全"选项卡，单击"编辑"按钮。

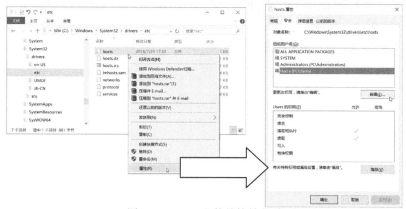

图 5-50　hosts 文件的快捷菜单

③ 在打开的"hosts 的权限"对话框中，在"组或用户名"中选择"Users"，然后在"hosts 的权限"框中，在"允许"下勾选所有选项，如图 5-51 所示，单击"确定"按钮。

图 5-51　"hosts 的权限"对话框

④ 在弹出的"Windows 安全"提示框中，单击"是"按钮。

⑤ 返回"hosts 属性"对话框的"安全"选项卡，单击"确定"按钮。

⑥ 下面用记事本打开 hosts 文件，修改其中的内容。双击 hosts 文件，将弹出"你要如何打开这个文件"对话框，如图 5-52 所示，选中"记事本"后单击"确定"按钮。

图 5-52　"你要如何打开这个文件"对话框

⑦ 在记事本中打开 hosts 后，把下面两行写到 hosts 文件结尾处，如图 5-53 所示。

134.170.108.26 onedrive.live.com

134.170.109.48 skyapi.onedrive.live.com

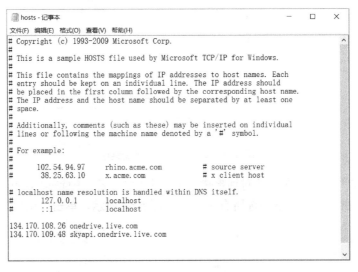

图 5-53　添加 IP 和域名

保存后就可以打开 https：//onedrive.live.com/了。其实很多其他网站遇到打不开的情况时都可以这样处理，关键是找到该网站的 IP 和域名。

提示：如果 OneDrive 服务更换了服务器，IP 地址可能会发生变化。

另外，如果 Windows 10 中安装有 360 之类的防护软件，重新启动 Windows 10 后，添加的两行 IP 和域名会被注释，前面被加上了"#"，这时应在 360 之类的防护软件中将 hosts 文件恢复到原始目录。

习 题 5

1. 我们在使用文件资源管理器窗口的搜索框快速查找文件或文件夹时，常常需要输入关键词来进行查找，请你结合自己文件搜索的经验，谈谈给文件命名时怎样命名更便于以后搜索文件。

2. 查找本机 C 盘中的.exe 文件。

3. 查找 D 盘中上周修改的.docx 文件。

4. 如何共享文件夹和文件。

5. 为什么在使用 Windosw 10 加密文件时不需要输入密码？

6. 在 Windows 中，文件的只读属性、隐藏属性有什么作用？如何设置文件为只读或隐藏属性？

7. 资源管理器中的库有什么作用？如何使用库文件？

8. 云存储服务 OneDrive 有什么作用？

9. 完成如下操作：

（1）在桌面建立"AA"文件夹，并设置"AA"文件夹为隐藏属性。

（2）在 D: \建立 "BB" 文件夹，并进行加密。

（3）在 D: \建立 "CC" 文件夹，并设置为共享文件夹（共享用户任选）。

（4）在库中建立 "DD" 库文件夹。

10. 完成如下操作：

（1）在桌面建立 "AA" 文件夹。

（2）将 "AA" 文件夹上传到 OneDrive 文件夹中。

第 6 章

用户账户的配置和管理

用户账户是用来记录用户的用户名和口令、隶属的组、可以访问的网络资源，以及用户的个人文件和设置。每个用户都应该在域控制器中有一个用户账户，这样才能访问服务器和使用网络上的资源。

用户名就是要登录的账户名，即在所在网站的识别码。可以使用汉字、字母、字码等作为用户名。一般来说，凡是允许用户注册的网站，都会在其主页显著位置上设置"注册"标签，让用户申请。只要符合其规定，并在其他用户还没有注册此名时即可注册。如果该名已经被他人注册则会给以提示，这种情况下只能再次申请，直到注册成功。

在 Windows 10 中，用户可以创建和管理用户账户。

6.1 创建 Windows 用户账户

从 Windows 98 系统开始计算机支持多用户多任务，多人使用同一台计算机时，可以在系统中分别为这些用户设置自己的用户账户，每个用户用自己的账号登录 Windows 系统，并且多个用户之间的 Windows 设置是相对独立、互不影响的。

在安装系统时，系统会自动创建用户账户，如果需要，可以创建新的账户，还可以根据情况将新账户设置为不同的类型。

在 Windows 10 操作系统中，有两种账户类型供用户选择，分别为本地账户和 Microsoft 账户。

6.1.1 添加本地账户

本地账户分为管理员账户和标准账户。管理员账户拥有计算机的完全控制权，可以对计算机做任何更改；而标准账户是系统默认的常用本地账户，对于一些影响其他用户使用和系统安全性的设置，使用标准账户是无法更改的。

下面介绍通过控制面板添加本地账户的方法。

1. 打开控制面板

微软公司把对 Windows 的外观设置、硬件和软件的安装和配置及安全性等功能的程序集中安排到称为"控制面板"的虚拟文件夹中，可以通过"控制面板"中的程序对 Windows 进行设置，使其适合自己的需要。

在"开始"菜单中，单击"Windows 系统"子菜单中的"控制面板"，如图 6-1 所示。"控制面板"窗口默认显示为类别视图。

图 6-1　"控制面板"的"类别"视图

单击"查看方式"的下拉箭头，可选择"大图标"或"小图标"视图，如图 6-2 所示。

图 6-2　"控制面板"的"小图标"视图

可以使用两种不同的方法找到要查找的"控制面板"项目：

（1）浏览

可以通过单击不同的类别（例如，"外观和个性化""程序"或"轻松使用"），并查看每个类别下列出的常用任务来浏览"控制面板"。或者，在"查看方式"下，单击"大图标"或"小图标"以查看所有"控制面板"项目的列表。

（2）使用搜索

若要查找感兴趣的设置或要执行的任务，可以在搜索框中输入单词或短语。例如，输入"声音"，可查找与声卡、系统声音以及任务栏上音量图标的设置有关的任务。

2．添加本地账户

添加本地账户的操作步骤如下：

① 打开控制面板，在"用户账户"组中单击"更改账户类型"链接，如图 6-3 所示。

② 在弹出的"选择要更改的用户"窗口上，单击"在电脑设置中添加新用户"，如图 6-4 所示。

图 6-3 "用户账户"组的"更改账户类型"

图 6-4 "选择要更改的用户"窗口

③ 在打开的"账户"窗口中，在"家庭和其他人员"选项卡中，单击"将其他人添加到这台电脑"。

④ 在切换到的"此人将如何登录"页面，在文本框中输入对方的电子邮件或电话号码。如果没有对方的电子邮件或电话号码，可单击"我没有这个人的登录信息"，如图 6-5 所示。

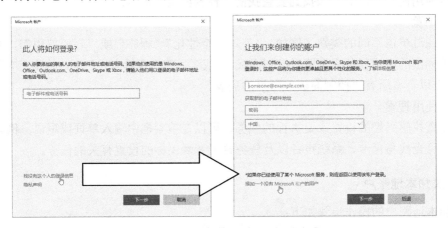

图 6-5 单击"我没有这个人的登录信息"

⑤ 接着会切换到"让我们来创建你的账户"页面，单击"添加一个没有 Microsoft 账户的用户"链接。

122

⑥ 在切换到的"为这台电脑创建一个账户"页面中，输入用户名、密码和密码提示，然后单击"下一步"按钮，如图 6-6 所示。

图 6-6　输入账户信息

⑦ 此时可以在"账户"窗口的"其他用户"选项卡看到新添的本地账户。

6.1.2　添加 Microsoft 账户

使用 Microsoft 账户，在所有设备（Windows PC、平板电脑、手机、Xbox 主机、Mac、iPhone、Android 设备）上均可登录并使用任何 Microsoft 应用程序和服务（Windows、Office、Outlook、OneDrive、Skype、Xbox 等）。

在 Windows 10 操作系统中，大量的内置应用都必须以微软账户登录系统才能使用。通过 Microsoft 账户登录本地 Windows 10 操作系统后，可以对本地计算机进行管理，还可以在 PC、平板、手机等多设备之间共享资料以及设置。

当使用 Microsoft 账户登录 Windows 10 后，登录同样需要 Microsoft 账户的微软网站或应用程序时，不需要再重新输入账户和密码，操作系统会自动登录。这样就简化了登录流程，为用户带来了极大的便利。

注册 Microsoft 账户有两种途径，一是通过浏览器打开微软的注册网站来注册；二是通过 Windows 10 中的 Microsoft 账户注册链接来注册。

1. 在微软网站注册 Microsoft 账户

必须使用本地账户登录 Windows 10，然后在浏览器中访问下面网址：

http：//www.microsoft.com/zh-cn/account/

打开微软官方网站中文页，显示如图 6-7 所示，单击"创建免费 Microsoft 账户"。

显示"创建账户"页面，如图 6-8 所示，在表单中填写用户的基本信息，填写完整后，单击"创建账户"，创建一个 Microsoft 账户的同时，也得到一个与这个账户同名的 Outlook 邮箱。

也可以改用其他电子邮件地址作为新的 Microsoft 账户的用户名，包括 Outlook.com、163.com、sohu.com 等地址，单击"改为使用电子邮件"，将其他电子邮件地址作为 Microsoft 账户的用户名。

123

图 6-7　Microsoft 账户登录页

图 6-8　创建 Microsoft 账户

2. 在 Windows 10 中添加 Microsoft 账户

在 Windows 10 中创建 Microsoft 账户更加方便。

① 使用本地账户登录 Windows 10。单击"开始"按钮，在"开始"菜单中单击"设置"，在弹出的"设置"窗口中单击"账户"，在弹出的"账户"窗口的右侧窗格中，单击"添加 Microsoft 账户"，如图 6-9 所示。

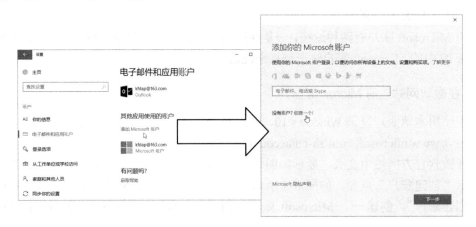

图 6-9　"设置"的"账户"窗口

② 在弹出的"添加你的 Microsoft 账户"对话框中，单击"创建一个"。

③ 在"让我们来创建你的账户"对话框中，如图 6-10 所示，如果要创建 Outlook 邮箱账户，在邮件地址框下单击"获取新的电子邮件地址"。输入"电子邮件"和"密码"，然后

单击"下一步"。

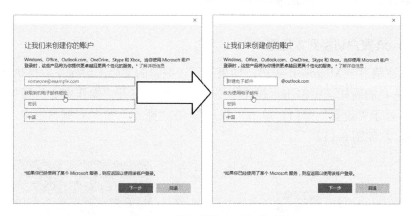

图 6-10　获取新的电子邮件地址

④ 在"添加安全信息"对话框中，如图 6-11 所示，输入手机号码。如果不愿意输入手机号码，则单击"改为添加备用电子邮件"，输入另外一个已有的邮箱地址，然后单击"下一步"按钮。

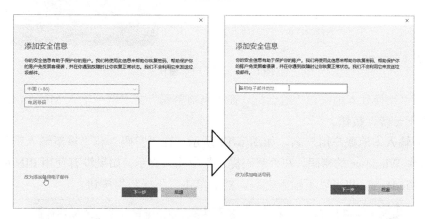

图 6-11　用邮箱作为备用信息

⑤ 显示"查看与你相关度最高的内容"对话框，如图 6-12 所示，直接单击"下一步"按钮。

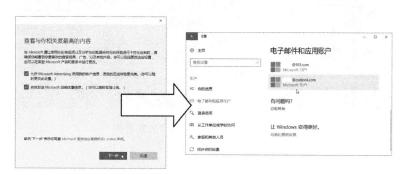

图 6-12　"查看与你相关度最高的内容"对话框

⑥ 至此，Microsoft 账户创建完成，并且自动切换到 Microsoft 账户登录。

6.1.3 本地账户与 Microsoft 账户的切换

1. Microsoft 账户切换到本地账户

由于需要注销当前 Microsoft 账户，如果有正在编辑的文档，请保存后再执行下面操作。

① 在任务栏的通知区中单击"操作中心"图标🗐，打开"操作中心"窗格，单击"所有设置"⚙️。显示"设置"窗口，单击"账户"。在"账户"窗口右侧窗格中，单击"改用本地账户登录"，如图 6-13 所示。

图 6-13　"账户"窗口

② 显示"切换到本地账户"对话框，在"当前密码"文本框中输入 Microsoft 账户密码，然后单击"下一步"按钮。

③ 接着输入本地账户用户名，如图 6-14 所示，在"密码"和"重新输入密码"文本框中输入登录到 Windows 的密码，在"密码提示"中输入提示。如果没有使用 PIN 或 Windows Hello 登录 Windows，也可以不输入密码。然后单击"下一步"按钮。

图 6-14　输入本地账户用户名和密码

④ 显示完成对话框，单击"注销并完成"按钮。

2. 本地账户切换到 Microsoft 账户

由于本地账户无法使用某些 Windows 10 操作系统提供的功能，而且无法同步操作系统设置，所以为了完全体验 Windows 10 的功能，请使用 Microsoft 账户登录。

① 打开"账户"窗口，在右侧窗格中，单击"改用 Microsoft 账户登录"，如图 6-15
所示。

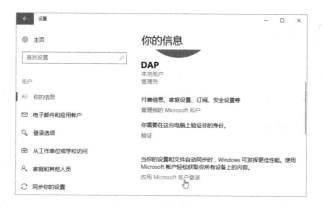

图 6-15　账户窗口

② 在显示的"个性化设置"对话框中，如图 6-16 所示，输入 Microsoft 账户的电子邮件
后，单击"下一步"按钮，输入密码，然后单击"登录"。

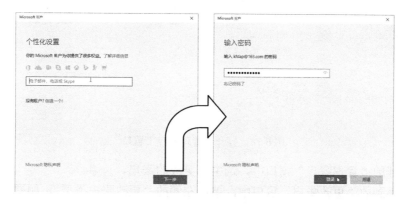

图 6-16　输入 Microsoft 账户名和密码

③ 显示要求输入本地账户密码对话框，如图 6-17 所示，输入本地账户密码后，然后单
击"下一步"按钮。

图 6-17　输入本地账户密码

④ 显示"设置 PIN"对话框，这里单击"跳过此步骤"。

⑤ 接着将显示"账户"窗口，显示 Microsoft 账户的名称和邮箱账户，表示已经切换到 Microsoft 账户。

6.2 管理用户账户

在 Windows 10 操作系统中，用户不仅可以创建新账户，还可以对用户账户进行管理，如更改用户账户的类型、重命名用户账户、更改用户账户的图片、添加用户账户的密码等。

6.2.1 更改用户账户类型

创建账户后，用户还可以更改用户账户的类型，例如，可以将标准账户更改为管理员账户，也可以将管理员账户更改为标准账户。操作方法如下：

① 打开控制面板，在"用户账户"组中单击"更改账户类型"，如图 6-18 所示。

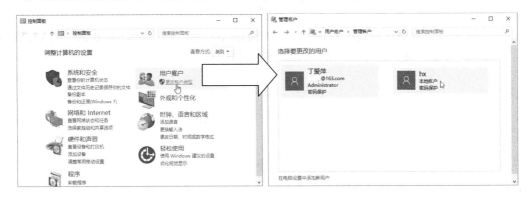

图 6-18　打开"管理账户"窗口

② 在打开的"管理账户"窗口中，选中要更改的账户。

③ 在切换到的"更改账户"窗口中，单击左侧的"更改账户类型"，如图 6-19 所示。

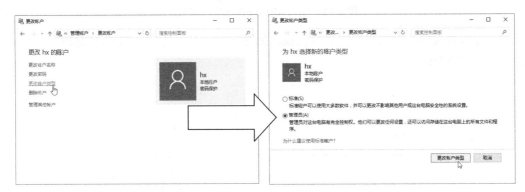

图 6-19　单击"更改账户类型"

④ 在"为 hx 选择的账户类型"提示页面，选择新的账户类型，这里将该账户设置为"管理员"账户，然后单击"更改账户类型"按钮。

⑤ 此时可看到选择的账户类型已更改，如图 6-20 所示。

图 6-20　账户类型已更改

6.2.2　重命名用户账户

账户创建后，如果对账户名称不满意，还可以更改账户名称。方法为：

① 按照同样的方法打开"管理账户"窗口，选择要更改名称的账户，如图 6-21 所示。

图 6-21　"管理账户"窗口

② 在切换到的"更改账户"窗口，单击左侧的"更改账户名称"。

③ 在切换到的"重命名账户"窗口的文本框中输入新账户名，如图 6-22 所示，然后单击"更改名称"按钮。此时可以看到账户名称已更改。

图 6-22　"重命名账户"窗口

6.2.3　更改用户账户的头像

如果觉得默认的账户头像不美观，那么还可以将账户头像设置为自己喜欢的图片，以使其更具个性化。方法为：

① 在"开始"菜单中，单击账户名称，在弹出的下拉列表中选择"更改账户设置"选项，如图 6-23 所示。

图 6-23　在"开始"菜单中选择"更改账户设置"

② 在弹出的"设置"-"账户"界面，在"创建你的头像"下方，单击"通过浏览方式查找一个"按钮，也可以单击"摄像头"图标按钮利用摄像头拍照。

③ 在弹出的"打开"窗口中选择要作为账户头像的图片，然后单击"选择图片"按钮，如图 6-24 所示。此时可以看到选择的图片被设置为账户头像。

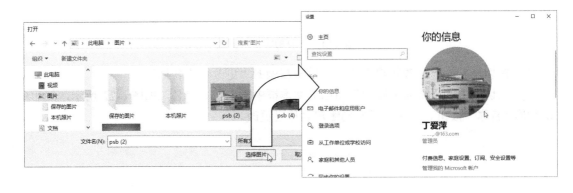

图 6-24　"打开"窗口选择图片

6.2.4　更改或添加用户账户密码

创建账户后，可以为账户添加密码。如果已经添加了密码，为了保证账户安全，还要经常更改密码。下面以更改密码为例，添加密码的方法类似。具体方法为：

① 在"管理账户"窗口中，选择要更改密码的账户，如图 6-25 所示。

② 在切换到的"更改账户"窗口，单击左侧的"更改密码"。

③ 在"更改密码"窗口的文本框中为该账户设置密码，然后在下方的文本框中输入密码提示，最后单击"更改密码"按钮。此时可以看到密码更改成功。

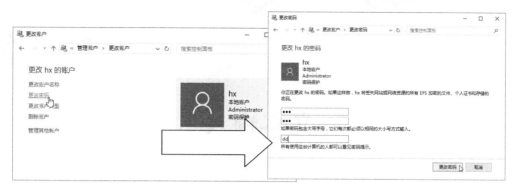

图 6-25　更改密码

习 题 6

1. 什么是用户账户？其主要作用是什么？
2. 在 Windows 10 中有哪两种账户类型可供用户选择？
3. 在 Windows 10 中管理员账户和标准账户有什么区别？
4. 控制面板的作用是什么？
5. 在本机上添加标准账户，并设置密码。
6. 在本机上试着将标准账户更改为管理员账户，并重命名。

第 7 章

文本输入

在操作计算机的过程中，经常需要搜索信息、浏览网页、与朋友聊天等，这时都需要输入文本信息，包括字符和汉字。输入法几乎是我们每个中国人使用计算机时都会用到的软件。在计算机普及的过程中，有很多的输入法陪伴着用户撰写文档、聊天等。汉字输入方法有很多，用户可以根据自己的使用习惯选择使用。

7.1 输入法语言栏

英文字母只有 26 个，它们对应着键盘上的 26 个字母，所以，对于英文而言是不存在什么输入法的。

中国是汉字的发源国，汉字应用已有数千年历史。根据输入汉字设备的不同，输入方式分为键盘、手写、语音等。

① 键盘输入是最基础的计算机输入方式。键盘输入汉字的编码方法基本上是采用将音、形、义与特定的键相联系，再进行不同组合来完成汉字的输入。

② 手写识别借着计算机的认字功能，由使用者的手写字体来辨别文字或其他符号。

③ 语音识别使用话筒和语音识别软件来辨别汉字。

1. 开启语言栏

默认状态下，Windows 10 系统的语言栏是关闭的，任务栏中的通知区域仅显示"输入指示"图标M，用户可开启桌面语言栏。

① 右击任务栏通知区域中的"输入指示"图标M，在弹出的快捷菜单中选择"设置"选项，如图 7-1 所示。

图 7-1   "输入指示"图标的快捷菜单

② 在弹出的"语言"窗口中，单击左侧的"高级设置"。

③ 在弹出的"高级设置"窗口中，在"切换输入法"选项组中，选中"使用桌面语言栏"项，如图 7-2 所示。单击"保存"按钮即可开启语言栏。

图 7-2 "高级设置"窗口

2. 语言栏简介

语言栏中包含了语言的所有状态及设置功能，用户可以设置输入法、语言状态等。微软拼音输入法的语言栏如图 7-3 所示。

图 7-3 微软拼音输入法语言栏

① 拖动区域：将鼠标指针放在该区域上，拖动语言栏可调整语言栏的位置。

② 输入法切换：显示当前使用的输入法图标。单击该图标，可在展开的输入法列表中选择输入法，如图 7-4 所示。

③ 中/英文切换：单击该图标，可在中文和英文之间切换语言。

④ 全角/半角切换：单击该图标，可在全角和半角之间切换。

⑤ 中/英文标点切换：单击该图标，可在中文标点和英文标点之间切换。

⑥ 简/繁体切换：单击该图标，可在简体中文和繁体中文之间切换。

图 7-4 输入法切换

⑦ 输入法设置：单击该图标，将弹出"设置"窗口的输入法选项，如图 7-5 所示，可以对当前输入法进行设置。

图 7-5 "设置"窗口的输入法选项

3．调整语言栏的位置

Windows 10 系统的语言栏默认位于桌面的右下角，用户可以根据需要调整语言栏的位置。方法为：

① 开启语言栏，将鼠标指针移至语言栏最左侧的拖动区域块上，当鼠标指针变为双向十字箭头时，按住鼠标左键拖动。

② 拖动到合适的位置，松开鼠标，即可调整语言栏的位置。

4．选择输入法

在语言栏中，用户可以根据需要方便地在各种输入法之间选择。方法为：单击当前使用的输入法图标，在弹出的输入法列表中，选择需要的输入法。

提示：用户也可以使用组合键来快速切换输入法。在以往版本的 Windows 系统中，切换输入法的组合键为 Ctrl+Shift; 在 Windows 10 系统中，按 Ctrl+Shift 组合键和 Win 键+空格键，都可以快速切换输入法。

5．设置默认的输入法

① 右击语言栏，在弹出的快捷菜单中选择"设置"。

② 在弹出的"语言"窗口，单击左侧的"高级设置"。

③ 在弹出的"高级设置"窗口，在"替代默认输入法"下拉列表中选择默认的输入法，如图 7-6 所示，单击"保存"按钮，即可将选择的输入法设置为默认输入法。

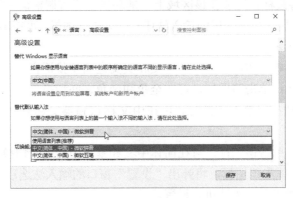

图 7-6 替代默认输入法

7.2 添加输入法

Windows 10 系统自带了一些输入法，用户可以根据需要将这些输入法添加到语言栏中，以方便使用。当不再需要使用某种输入法时，还可以将其删除。

7.2.1 添加非中文输入法

Windows 10 系统除了自带一些中文输入法外，还自带了非中文输入法，用户可以根据需要选择使用某种语言。

1. 添加外语输入法

在 Windows 10 系统中，自带的输入法需要添加后才能使用，下面介绍添加系统自带输入法的步骤。

① 按照前面介绍的操作方法打开"语言"窗口，单击"添加语言"按钮，如图 7-7 所示。

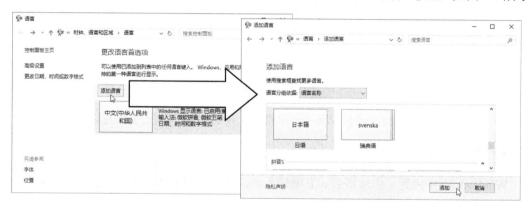

图 7-7　添加语言

② 切换到"添加语言"窗口，在"添加语言"列表框中选择"阿拉伯语"项，然后单击"添加"按钮。

③ 切换到继续查找窗口，在"添加语言"列表框中选择"阿拉伯语（阿尔及利亚）"选项，然后单击"添加"按钮，如图 7-8 所示。

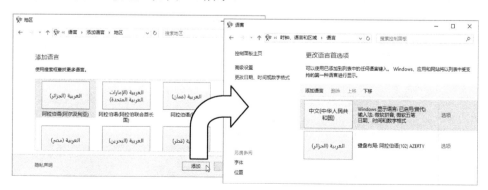

图 7-8　继续查找需要添加的语言

④ 返回"语言"窗口，此时可以看到选择的语言添加到了列表中。

图 7-9　添加系统自带的语言输入法

⑤单击"语言"按钮，或按 Win 键+空格键，可看到添加的输入法，如图 7-9 所示。

2．删除外语输入法

用户不仅可以添加系统自带的输入法，还可以将不经常使用的输入法删除。方法为：

① 在"语言"窗口中，在"输入法"选项组中选中要删除的输入法，如"阿拉伯语"。

② 单击"删除"按钮，如图 7-10 所示。

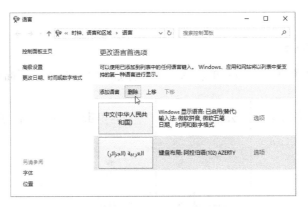

图 7-10　删除输入法

③ 单击"语言"按钮，或按 Win 键+空格键，可看到输入法已被删除。

7.2.2　添加中文输入法

Windows 10 中内置了微软拼音、五笔输入法，称为内置中文输入法。也可以安装第三方的中文输入法，从而获得更多的选择。

1．安装内置中文输入法

在"语言"窗口中，可以看出系统默认已经添加了中文输入法。如果要添加其他内置的中文输入法，方法为：

① 单击"中文"后面的"选项"，如图 7-11 所示。

图 7-11　添加内置中文输入法

② 在弹出的"语言选项"窗口中，可以看到在"输入法"下列出了已经安装的输入法。

③ 单击"添加输入法"，将弹出"输入法"窗口，内置有微软拼音、微软五笔两种输入法，例如单击微软五笔，如图 7-12 所示，单击"添加"按钮。

图 7-12 "输入法"窗口

④ 添加输入法后，将返回到"语言选项"窗口，可以看到在"输入法"下面已经添加了微软五笔输入法，单击"保存"按钮即可。在通知区单击切换输入法图标Ｍ，能看到添加的内置输入法。

2．安装其他中文输入法

现在市面上用户使用的汉字输入法有多种，而 Windows 10 内置的中文输入法只有微软拼音和微软五笔两种，如果无法满足要求，可以安装其他输入法，例如，搜狗、QQ、手心、百度、谷歌等输入法，这些外部输入法需要下载、安装。其中，搜狗拼音输入法目前使用的用户较多，其具体安装和使用方法将在 7.5 节进行详细介绍。

3．删除中文输入法

可以删除已经安装的输入法。

① 在"语言"窗口中，单击"中文（中华人民共和国）"右侧的"选项"，将弹出"语言选项"窗口。

② 在"语言选项"窗口中，单击要删除的输入法（例如微软五笔）右侧的"删除"，如图 7-13 所示，然后单击"保存"按钮。

图 7-13 删除中文输入法

提示：这里仅仅是从输入法选项中删除，安装的输入法程序并没有卸载。

7.3　使用微软拼音输入法

微软拼音输入法是 Windows 10 系统自带的输入法，它的界面干净清爽，提供了全拼、双拼、联想、词典等功能，还有自学习、自造词功能，词组记忆功能也很强，另外，还提供了一些特殊的功能，如在输入板中根据部首、笔画输入汉字或输入符号等，是一款简单、实用的汉字输入法。

用户在使用计算机的过程中，经常会遇到要输入汉字和英文的情况，这就要随时调整输入法的输入状态。下面以输入"Hello 您好"为例，介绍使用微软拼音简捷输入法输入汉字和英文的具体操作步骤。

① 打开"记事本"程序，在语言栏中单击输入法图标，在弹出的输入法列表中选择"微软拼音"项，切换到该输入法，如图 7-14 所示。

图 7-14　选择输入法

② 单击语言栏中的中/英文切换图标切换至英文输入状态，然后按大写字母锁定键 CapsLock 键，在"记事本"窗口中输入 H，如图 7-15 所示。

图 7-15　输入大写英文字母

③ 再次按下大写字母锁定键 CapsLock 解除锁定，输入 ello，然后按空格键。

④ 单击语言栏中的语言状态图标，切换至中文输入状态，然后输入"ninhao"，可以看到系统自动添加上隔音符并弹出文字候选框，如图 7-16 所示。

图 7-16　输入汉字

⑤ 按相应的数字键即可输入汉字，这里按下数字键 1 或直接按空格键完成输入，如图 7-17 所示。

图 7-17　输入中英文后的效果

提示：输入英文大写字母时，频繁切换输入状态会比较麻烦，这时可以直接在中文状态下输入。在中文状态下，按大写字母锁 CapsLock 输入大写字母。再次按下大写字母锁定键 CapsLock 解除锁定。

7.4　使用搜狗拼音输入法

随着网络时代的来临，每天都有大量的新词、新人名涌现出来。传统的输入法由于词库是封闭静态的，不具备对于流行词汇的敏感性，这些词是不能默认打出来的，必须要选很多次。搜狗拼音输入法是搜狗（www.sogou.com）推出的一款基于搜索引擎技术的、特别适合网民使用的、新一代的输入法产品。

7.4.1　安装搜狗拼音输入法

1．安装

安装搜狗拼音输入法的操作步骤如下。

① 可以到搜狗输入法的官方网站 http：//pinyin.sogou.com/下载安装程序，如图 7-18 所示。也可以通过搜索引擎找到"搜狗输入法"，把该输入法安装程序下载到本地硬盘。

图 7-18　搜狗输入法的官方网站

② 在弹出的安装向导中，如图 7-19 所示，单击"立即安装"按钮。

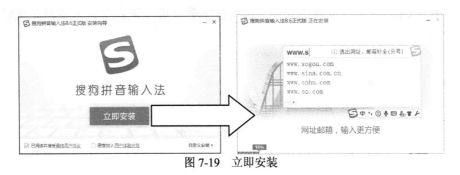

图 7-19　立即安装

③ 接着显示安装进度。同时显示搜狗输入法的使用说明。

④ 等待安装完成后，显示安装完成对话框，如图 7-20 所示。系统默认选中了一些其他程序，如果不需要，取消附带程序的安装选中状态。单击"立即体验"按钮。

图 7-20　安装完成

2．个性化设置

安装完成后，会立即弹出"个性化设置向导"窗口，在此可以进行输入习惯等个性化设置。

① 在"个性化设置向导"窗口中，如图 7-21 所示，是选择"全拼"还是"双拼"，在"每页候选个数"中选择一次显示候选字的个数。单击"下一步"按钮继续设置。

图 7-21　设置主要输入习惯

② 在"请选择自动展现环境"中，根据需要勾选相关内容，然后单击"下一步"按钮。

③ 在"皮肤"选择窗口中，如图 7-22 所示，选择一种皮肤样式，单击"下一步"按钮。

图 7-22　选择皮肤样式

④ 接着可以添加需要的细胞词库，勾选需要安装的细胞词库，单击"下一步"按钮。

提示：细胞词库是搜狗首创的、开放共享、可在线升级的细分化词库的功能名称。细胞词库是相对于系统默认词库而言的，其意义是满足用户的个性化输入需求。一个细胞词库就是一个细分类别的词汇集合，细胞词库的类别可以是某个专业领域（如医学领域词库），也可以是某个地区（如北京地名词库），也可以是某个游戏（如魔兽世界词汇）。

⑤ 在表情面板中，如果勾选"打开图片表情面板"项，将在输入状态条中多出一个表情图标按钮，如图 7-23 所示，也可以不勾选，直接单击"完成"按钮。

141

图 7-23　完成

7.4.2　利用搜狗拼音输入法输入汉字

利用搜狗拼音输入法输入汉字非常方便，只需打开某个文字编辑软件（如"记事本"程序），选择搜狗输入法，然后依次输入汉字的拼音字母。文字候选框中显示备选汉字，按相应的数字键即可输入相应的汉字。

1. 输入法状态栏

搜狗输入法状态栏如图 7-24 所示。状态栏上图标分别代表"输入状态""全角/半角符号""中文/英文标点""图片表情""语音输入""输入方式""登录账户""皮肤盒子""工具箱"。

单击"自定义状态栏"图标，将弹出选择框，如图 7-25 所示，可以自定义状态栏中显示的图标项目。

图 7-24　搜狗输入法状态条　　　　　　　　　图 7-25　自定义状态栏

2．全拼输入

全拼输入是搜狗拼音输入法中最基本的输入方式。只要用 Ctrl+Shift 组合键切换到搜狗输入法，在输入窗口输入拼音，如图 7-26 所示，然后依次选择需要的字或词即可。可以用默认的翻页键逗号（，）或句号（。）进行翻页。

图 7-26　全拼输入

3．简拼

简拼是输入声母或声母的首字母来进行输入的一种方式。有效地利用简拼，可以大大提高输入的效率。搜狗输入法现在支持的是声母简拼和声母的首字母简拼。例如，输入"zhly"或者"zly"都可以输入"张靓颖"。

同时，搜狗输入法支持简拼全拼的混合输入，例如，输入"srf""sruf""shrfa"都可以得到"输入法"。

提示：这里的声母的首字母简拼的作用和模糊音中的"z，s，c"相同。但是也有区别，即使你没有选择设置里的模糊音，你同样可以用"zly"输入"张靓颖"。有效地使用声母的首字母简拼可以提高输入效率，减少误打。例如，要输入"指示精神"这几个字，如果输入传统的声母简拼，只能输入"zhshjsh"，需要多个 h 容易造成误打，而输入声母的首字母简拼"zsjs"能很快得到想要的词。

4．双拼

双拼是用定义好的单字母代替较长的多字母韵母或声母来进行输入的一种方式。例如，如果 T=t，M=ian，键入两个字母"TM"就会输入拼音"tian"。使用双拼可以减少击键次数，但是需要记忆字母对应的键位，熟练之后效率会有一定提高。

如果使用双拼，需要先进行设置。方法为：

① 右击状态栏，在弹出的快捷菜单中，单击"设置属性"项，如图 7-27 所示。

图 7-27　状态栏的快捷菜单

② 在"属性设置"窗口中选中"双拼"，如图 7-28 所示，并单击"双拼方案设置"按钮。

③ 在弹出的"双拼方案设置"窗口选择一种双拼方案，单击"确定"按钮。

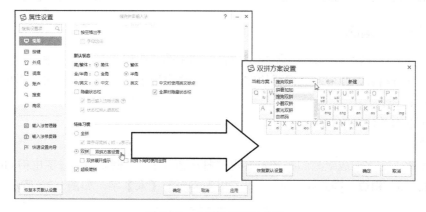

图 7-28　"属性设置"窗口

特殊拼音的双拼输入规则有：

对于单韵母字，需要在前面输入字母 O+韵母。例如，输入 OA→A，输入 OO→O，输入 OE→E。

而在自然码双拼方案中，与自然码输入法的双拼方式一致，对于单韵母字，需要输入双韵母，例如，输入 AA→A，输入 OO→O，输入 EE→E。

5. 利用模糊音输入汉字

模糊音是专为对某些音节容易混淆的人而设计的。由于各地的方言发音不同，有些用户对某些音节容易混淆，例如，有的人"sh"与"s"不分，无法快速准确输入需要的汉字，这时可以开启搜狗拼音输入法的模糊音功能，快速查找需要的汉字。

① 在"属性设置"窗口中，点击"高级"选项卡。

② 单击"模糊音设置"按钮，如图 7-29 所示。

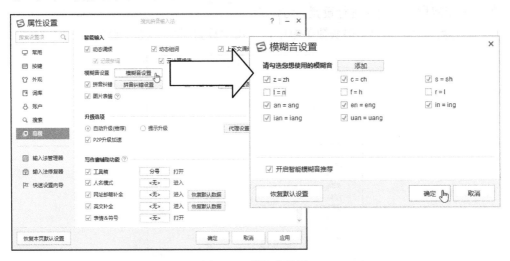

图 7-29　模糊音设置

③ 在弹出的"模糊音设置"对话框中，勾选要启用的模糊音。

④ 单击"确定"按钮返回"属性设置"窗口，单击"确定"按钮即可启用模糊音功能。当启用了模糊音后，例如 s=sh，输入"si"也可以出来"十"，输入"shi"也可以出来"四"。

6. U 模式笔画输入

U 模式主要用来输入不会读（不知道拼音）的字等。在按下 U 键后，输入笔画拼音首字母或者组成部分拼音，即可得到想要的字。由于双拼占用了 u 键，所以双拼下需要按 Shift+u 组合键进入 U 模式。

U 模式下的具体操作有以下几种。

（1）笔画输入

仅通过输入文字构成笔画的拼音首字母来打出想要的字。例如，【木】字由横（h）、竖（s）、撇（p）、捺（n）构成，因此输入 hspn 即可得到需要的【木】字，如图 7-30 所示。

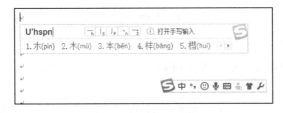

图 7-30　U 模式下的笔画输入

其中位于输入条中的是笔画提示区，可以在此区域用鼠标点击输入笔画，也可以通过键盘敲入 hspnz 等输入笔画。

（2）拆分输入

将一个汉字拆分成多个组成部分，U 模式下分别输入各部分的拼音即可得到对应的汉字。如【林】字，可拆分为两个独立的【木】字，如图 7-31 所示。

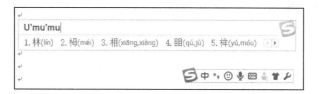

图 7-31　U 模式下的拆分输入

（3）笔画拆分混输

还可以进行"笔画+拆分"混合操作，如图 7-32 所示。

图 7-32　U 模式下的笔画拆分混输

7. V 模式

V 模式是一个转换和计算的功能组合。由于双拼占用了 v 键，所以双拼下需要按 Shift+v 组合键进入 V 模式。V 模式下具体功能有以下几种。

（1）数字转换

输入 v+整数数字，如 v123，搜狗拼音输入法将把这些数字转换成中文大小写数字，如图 7-33 所示。

图 7-33　中文大小写数字

特别地，如果输入 99 以内的整数数字，还将得到对应的罗马数字。

输入 v+小数数字，如 v34.56，将得到对应的大小写金额，如图 7-34 所示。

图 7-34　大小写金额

（2）日期转换

输入 v+日期，如 v2018.1.1，搜狗拼音输入法将把简单的数字日期转换为日期格式，如图 7-35 所示。

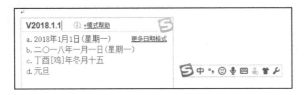

图 7-35　日期转换

（3）算式计算

输入 v+算式，可以得到对应的算式结果以及算式整体候选，如图 7-36 所示。

图 7-36　算式计算

如此一来，遇到简单计算时，便不用再打开计算器。任何一个可输入的地方都可以用搜狗拼音输入法计算。

7.5　使用语音识别功能输入文字

自动语音识别（Automatic Speech Recognition）技术是让计算机能够"听写"出不同人所说出的连续语音，也就是俗称的"语音听写机"，是实现"声音"到"文字"转换的技术。

7.5.1　启动并设置 Windows 语音窗口

要使用语音识别功能，首先要将麦克风正确接入计算机，这样计算机才可以听到你所说的话。具体操作步骤如下：

① 打开控制面板，将查看方式切换为"大图标"，单击"语音识别"项，如图 7-37 所示。

图 7-37　控制面板

② 在弹出的"语音识别"窗口中，单击"启动语音识别"项，如图 7-38 所示。

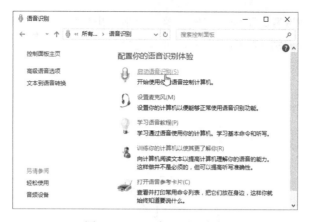

图 7-38 "语音识别"窗口

③ 首先弹出"设置语音识别"向导的欢迎界面,单击"下一步"按钮,如图 7-39 所示。

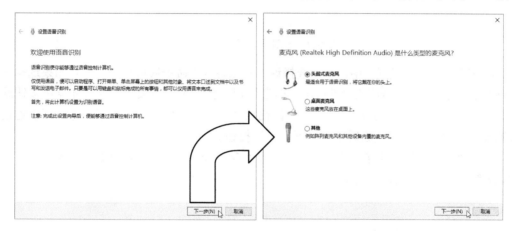

图 7-39 "设置语音识别"向导的欢迎界面

④ 接着设置麦克风的类型,有"头戴式麦克风""桌面麦克风"和"其他"3 个选项,选择自己要使用的麦克风类型后,单击"下一步"按钮。

⑤ 根据提示正确放置麦克风后,单击"下一步"按钮,如图 7-40 所示。

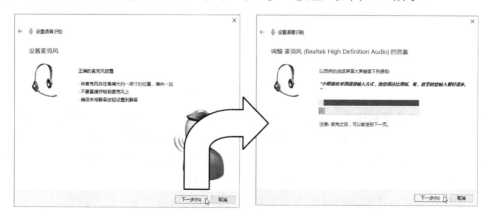

图 7-40 设置麦克风

⑥ 调整麦克风的音量,朗读窗口中给出的一段话,然后单击"下一步"按钮。

⑦ 此时提示已经设置好了的麦克风，单击"下一步"按钮。

⑧ 在"改进语音识别的精确度"中，可以选择"启用文档审阅"项，如图 7-41 所示，然后单击"下一步"按钮。

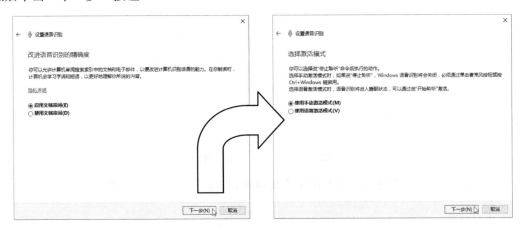

图 7-41　改进语言识别的精确度

⑨ 在"选择激活模式"中，可以选择说"停止聆听"命令后执行的动作。如果选择手动激活模式，说完"停止聆听"，Windows 语音识别将会关闭，必须通过单击麦克风按钮或按 Ctrl+Windows 组合键启动。如果选择语音激活模式，语音识别键进入睡眠状态，可以通过说"开始聆听"激活。选择完成后单击"下一步"按钮。

⑩ 在"打印语音参考卡片"中，单击"查看参考表"按钮，可以查看语音参考信息，然后单击"下一步"按钮，如图 7-42 所示。

图 7-42　打印语音参考卡片

提示：目前的计算机还没达到真正的人工智能水平，所以想要命令它做事，就需要用一系列规定的命令，只有命令准确，它才会正确执行，所以建议用户先仔细查看相关的操作命令。在语音参考表中，用户可以了解如何使用语音识别、常见的语音识别命令、常用于文本处理的"听写""键盘键""标点符号和特殊字符"等语音识别知识。

⑪ 选择是否在每次启动时启动语音识别功能，然后单击"下一步"按钮。

⑫ 单击"跳过教程"按钮即可设置完成并启动语音识别。

提示：语音识别教程可以使用户在短时间内快速掌握 Windows 语音识别的功能和使用方法，只要用户完成了语音识别教程训练，就可以非常容易地使用语音识别对计算机进行各种操作。

7.5.2 使用语音识别输入文字

使用语音识别功能输入文字是一项非常实用的功能，开启语音识别功能后，可以在屏幕顶部看到语音识别工具。

若要开始输入文字，打开文档中要输入文字的记事本或者 Word，单击"语音"按钮切换至"聆听"模式，对着麦克风说出要输入的文字，语音识别程序成功识别后，将说出的文字输入文档中，如图 7-43 所示。

图 7-43　使用语音识别输入文字

7.6　字体的个性化设置

字体是指文字的风格式样，如汉字手写的楷书、行书、草书。计算机字体是包含一套字形与字符的电子数据文件。在文本处理或与外界沟通时，美观的字体可以使页面更加赏心悦目。用户可以根据自己的兴趣对字体进行个性化设置。

7.6.1 字体的下载

Windows 10 系统自带了一些字体，这些都是中规中矩的字体。如果对这些字体不满意，想用个性字体，特别是搞美术艺术的，就需要下载安装其他字体。

安装新的字体前，需要先下载一种新字体，得到一个字体集文件。下载新字体的方法为：
① 通过搜索引擎（如百度）搜索"下载字体集"，如图 7-44 所示。

图 7-44　下载字体集

② 在打开的网页中找到自己想要的字体，下载到本机上。

Windows 10 支持 TrueType（.TTF）和 OpenType（.TTC）两种字体格式。

7.6.2 字体的安装

安装字体的方法有多种，下面分别介绍。

1. 将字体文件复制到 Fonts 文件夹

在 Windows 10 系统中，字体文件是放置在系统的 Fonts 文件夹中的，因此可以在 C:\Windows\Fonts 路径打开该文件夹，然后将字体文件复制到该文件夹下，即可安装该字体。具体方法如下：

① 右击下载到本机的字体集文件（如花里胡哨.ttf），在快捷菜单中选择"复制"命令，如图 7-45 所示。

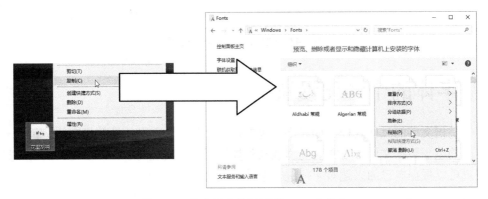

图 7-45　将字体文件复制到 Fonts 文件夹

② 在计算机桌面上双击"此电脑"，打开系统盘，一般为 C 盘。

③ 展开目录定位到 Windows\Fonts 文件夹。

④ 右击 Fonts 文件夹的空白处，在快捷菜单中选择"粘贴"命令。接着显示字体安装进度，安装成功后就可以选择使用了。

2. 利用控制面板

① 右击要安装的字体，在弹出的快捷菜单中单击"复制"命令。

② 打开控制面板，在"外观和个性化"组中，单击"字体"选项，如图 7-46 所示。

图 7-46　外观和个性化

③ 切换到"字体"窗口，在空白处右击，在弹出的快捷菜单中单击"粘贴"命令，如图 7-47 所示。

图 7-47　"字体"窗口

④ 在弹出的"正在安装字体"对话框中，可以看到安装字体的进度，对话框消失后，字体即可安装完成。

3. 利用安装命令

① 右击下载的字体，在弹出的快捷菜单中单击"安装"命令，如图 7-48 所示。

② 在弹出的"正在安装字体"对话框中，可以看到安装字体的进度，对话框消失后，字体即可安装完成。

7.6.3　字体的删除

当用户不再需要某种字体时，可以将其删除。方法如下：

图 7-48　快捷菜单中的"安装"命令

① 打开"控制面板"，在"外观和个性化"组中，单击"字体"选项，将打开"字体"窗口。

② 选中要删除的字体。

③ 单击列表框上方的"组织"的下拉箭头，在下拉列表中单击"删除"命令，如图 7-49 所示。也可以直接单击列表框上方的"删除"按钮，或者，右击要删除的字体，在快捷菜单中单击"删除"命令。

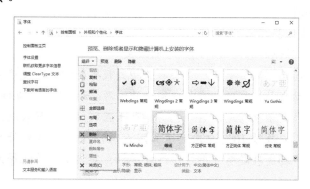

图 7-49　删除字体

7.6.4 字体的隐藏与显示

如果用户暂时不想使用某种字体，可以将其隐藏，等以后要用到该字体时，再重新显示字体即可。

1. 隐藏字体

在"字体"窗口中，右击要隐藏的字体，在快捷菜单中单击"隐藏"命令，如图 7-50 所示。隐藏后的字体呈半透明状显示。

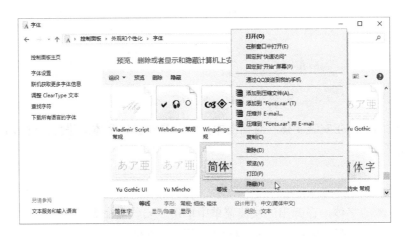

图 7-50　隐藏字体

2. 显示字体

如果要将隐藏的字体重新显示出来，可以右击要显示的字体，在弹出的快捷菜单中单击"显示"命令。

习　题　7

1. 在计算机中输入文字的方法常用哪几种？

2. 在本机上练习添加一种外国语言（如日语或韩语）。

3. 你平时习惯使用什么中文输入法？如果发现你使用的计算机中没有你习惯使用的输入法，你该如何下载安装？

4. 在本机上安装一些有艺术风格的字体。

5. 选择一种自己习惯的输入法，输入下面短文。

云计算（cloud computing）是基于互联网的相关服务的增加、使用和交付模式，通常涉及通过互联网来提供动态易扩展且经常是虚拟化的资源。云是网络、互联网的一种比喻说法。过去在图中往往用云来表示电信网，后来也用来表示互联网和底层基础设施的抽象。因此，云计算甚至可以让你体验每秒 10 万亿次的运算能力，拥有这么强大的计算能力可以模拟核爆炸、预测气候变化和市场发展趋势。用户通过计算机、笔记本、手机等方式接入数据中心，按自己的需求进行运算。

　　对云计算的定义有多种说法。对于到底什么是云计算，至少可以找到 100 种解释。现阶段广为接受的是美国国家标准与技术研究院（NIST）的定义：云计算是一种按使用量付费的模式，这种模式提供可用的、便捷的、按需的网络访问，进入可配置的计算资源共享池（资源包括网络、服务器、存储、应用软件、服务），这些资源能够被快速提供，只需投入很少的管理工作，或与服务供应商进行很少的交互。

第 8 章

使用 Windows 10 实用工具

为了使 Windows 10 更加方便易用，微软为用户准备了许多实用的工具。在 Windows 10 安装完毕之后这些工具就可以使用，不需要额外下载其他软件。

8.1 显示器显示效果

为了让 Windows 10 在不同的显示器上都能达到最佳显示效果，同时也为了能使个人打造属于自己特色的操作环境，Windows 操作系统贴心地提供了极大的弹性，由用户自己根据使用习惯自行设定。

8.1.1 设置原始分辨率

最好将监视器设置为设计用于显示的分辨率（称为原始分辨率）。一般情况下，在设置分辨率时最上方的选项即为原始分辨率，同时在该分辨率右侧会写有"推荐"字样，如图 8-1 所示。

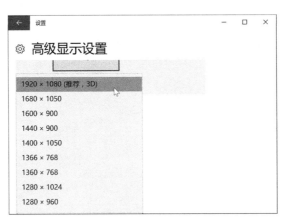

图 8-1 设置分辨率

显示器可以支持低于其原始分辨率的分辨率。但是，在这些分辨率下，可能会出现各种问题，比如，文本看上去不太清晰，屏幕可能较小、居于屏幕中间、带有黑色边缘或者被拉伸等。

8.1.2　更改文本显示大小

如果用户使用的是小屏幕的显示器，而此时选择较高的分辨率时，可能会感觉桌面上的文本和其他项目（如图标）过小。Windows 10 可以让用户在不更改屏幕分辨率的情况下将它们放大。

① 在桌面空白区域单击鼠标右键，在快捷菜单中选择"显示设置"项。

② 在弹出的"设置"窗口中，在"显示"选项卡中找到"更改文本、应用和其他项目的大小"项，拖动下方滑块即可改变缩放大小，松开鼠标立即生效，如图 8-2 所示。

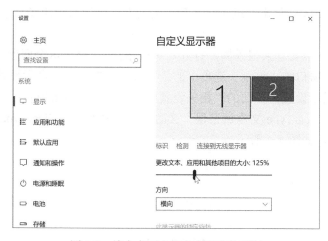

图 8-2　放大桌面上的文本和其他项目

用户也可以更改 Windows 中特定项目（如窗口标题栏或工具提示）的文本大小，而无须更改桌面上其他内容的大小。

① 在"设置"窗口"显示"选项卡页面最下方，选择"高级显示设置"。

② 在切换到的"高级显示设置"页面最下方的"相关设置"中，选择"文本和其他项目大小调整的高级选项"，此时将打开控制面板的"显示"页面。

③ 在"仅更改文本大小"下，选择要更改的项目并选取一个文本大小。如果你希望文本显示为粗体，则选中"粗体"复选框，如图 8-3 所示。

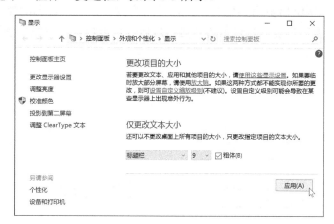

图 8-3　更改 Windows 中特定项目的文本大小

④ 单击"应用"按钮。

8.1.3 使用 ClearType 工具

ClearType 是由美国微软公司在其视窗操作系统中提供的屏幕亚像素微调字体平滑工具，让 Windows 字体更加漂亮。

ClearType 主要是针对 LCD 液晶显示器设计，可提高文字的清晰度。基本原理是，将显示器的 R、G、B 各个次像素也发光，让其色调进行微妙调整，可以达到实际分辨率以上（横方向分辨率的三倍）的纤细文字的显示效果。

总而言之，ClearType 技术有助于让屏幕上的文本尽可能清晰流畅，并且有助于使文本更易于长时间阅读。

如果屏幕上的文本看起来很模糊，打开 ClearType 可以解决这个问题。方法为：

① 在"设置"窗口的"显示"选项卡的最下方，单击"高级显示设置"。

② 在"高级显示设置"页面的"相关设置"部分点击"ClearType 文本"。

③ 在打开的"ClearType 文本调谐器"页面中，选中"启用 ClearType"复选框，然后单击"下一步"按钮，如图 8-4 所示。

图 8-4 开启 ClearType

④ 在接下来的每个页面上，不断选择最适合自己、看起来最舒服的文本示例，Windows 将根据用户选择的示例给出多组其他实例，以便用户找到最适合自己的显示方式。

⑤ 单击"下一步"按钮，直到在调谐器的最后一页上单击"完成"按钮以保存设置，如图 8-5 所示。

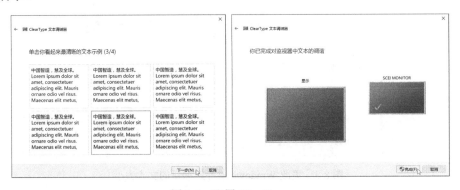

图 8-5 配置 ClearType

8.1.4 改善显示颜色

使用 Windows 10 的颜色校准功能，可帮助用户改善显示颜色，并确保颜色在不同的显示器上能够有相近的颜色表示。

① 在"设置"窗口的"显示"选项卡的最下方，单击"高级显示设置"。

② 单击"颜色设置"部分的"颜色校准"，将打开"显示颜色校准"页面。

③ 在"欢迎使用显示颜色校准"中，单击"下一步"按钮继续，如图 8-6 所示。

图 8-6　显示颜色校准窗口

④ 在"设置基本颜色设置"页面上，需要将显示器自带的色彩显示设为默认设置。如果当前使用的显示器并未更改过显示设置，则可以直接单击"下一步"按钮。否则按显示器上的"菜单"按钮（可能位于正面），此时将显示一个屏幕菜单。使用显示器按钮在屏幕菜单中导航，调整一个或多个设置到微软官方的推荐数值。

● 首先找到用于选择颜色模式的颜色菜单，然后将屏幕设置为"sRGB"。

● 如果你看到的是用于选择色温（也称为白点）的选项，而不是用于选择颜色模式的选项，请将色温设置为"D65"（或"6500"）。

● 找到用于设置伽玛的菜单。将伽玛设置为默认设置"2.2"。

● 如果找不到其中任何设置，可在屏幕菜单中将屏幕重置为出厂默认颜色设置。

如果你的监视器的屏幕菜单中未显示基本颜色设置，则只需单击"下一步"按钮继续。

⑤ 接下来开始调整伽玛值，这有助于确保颜色阴影等细节在屏幕上能够正常显示。按照屏幕上的说明进行操作，调整滑块直到圆圈中的小圆点的可见性最小化，如图 8-7 所示。

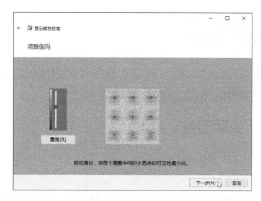

图 8-7　调整伽玛值

⑥ 单击"下一步"按钮,接下来的几个页面需要按照屏幕上的说明,参照给出的图片,使用显示器上的按钮进行亮度、对比度的调整。

调整亮度可以准确显示暗色,并确保在更暗的图像中仍可看到阴影、轮廓和其他细节。如果亮度设置得过高,黑色将显示成淡灰色。若要调整亮度设置,可以使用监视器上的"亮度"按钮或"菜单"按钮。如果用户使用的是笔记本电脑,可以尝试按键盘上的 Fn 键,然后按键盘上相应的功能键提高或降低屏幕亮度。

调整对比度可以确定白色和浅色在屏幕上的显示方式。通过调整对比度,可以准确显示图像中的高光部分。若要更改对比度设置,可以使用监视器上的"对比度"按钮或"菜单"按钮(笔记本电脑通常没有对比度控件)。

⑦ 在"调整颜色平衡"页面中,可以消除显示器的颜色偏差,从而改善灰色阴影在屏幕上的显示方式。拖动三个滑块以便从灰色条中删除色偏矫正,如图 8-8 所示。调整完毕后单击"下一步"按钮。

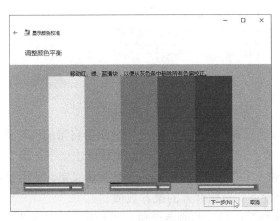

图 8-8　调整颜色平衡

⑧ 在"你已成功创建了一个新的校准"页面上,单击"先前的校准"可以查看原有显示校准,单击"当前校准"可以查看新的显示校准。如果选中"启动 ClearType 文本调谐器",则可以继续调整 ClearType 显示。对比校准的结果后,如果要使用新的校准,单击"完成"按钮;如果要使用先前的校准,则单击"取消"按钮。

提示:如果你有显示校准的设备和软件,最好使用它们来代替显示颜色校准,因为它们可以提供更好的校准结果。

8.2　计算机远程连接

为了方便用户远程使用一台计算机,或者在遇到使用困难时能够获得他人的远程协助,Windows 10 提供了远程桌面和远程协助两个工具。

8.2.1　远程桌面与远程协助的基本知识

1. 远程协助

远程协助为用户提供了一种在使用计算机过程中遇到问题时获取帮助的方式。远程协助既可作为组织机构内部的技术支持应用程序使用，也可作为直接从用户的朋友或家人接受帮助的一种方式。

远程协助的发起者向其他人发出协助请求，在获得对方同意后，即可进行远程协助。远程协助中被协助方的计算机将暂时受协助方的控制，专家可以在被控计算机当中进行系统维护、安装软件、处理计算机中的某些问题，或者向被协助者演示某些操作。

2. 远程桌面

远程桌面使用户可以从运行 Windows 的计算机连接到另一台运行 Windows 的计算机，条件是两台计算机连接到相同网络或连接到 Internet。例如，用户可以从家庭计算机使用你的工作计算机的所有程序、文件和网络资源，就像坐在工作计算机前一样。

若要连接到远程计算机，该计算机必须为打开状态，必须具有网络连接，"远程桌面"必须为启用状态，用户必须具有对远程计算机的网络访问权限，并且必须具有连接权限。若要获取连接权限，账户必须在用户列表中。在开始连接前，最好查看要连接到的计算机的名称，并确保允许远程桌面连接通过其防火墙。

提示：Windows 10 家庭版用户不能开启远程桌面成为远程终端，但仍然可以连接到其他开启了远程桌面的计算机。

3. 远程协助与远程桌面的区别

远程桌面和远程协助有以下几点区别：

① 远程桌面在远程计算机打开允许远程连接的时候可以使用，而远程协助是在被协助方发送邀请允许其他人远程协助时才可以使用。

② 远程桌面可以让用户完全控制一台远程计算机，用户能够独占地访问桌面、文档、应用程序等。远程协助则允许用户给他人部分控制权限以从远程的朋友或专家处得到帮助，此时双方都可以控制此计算机，鼠标、键盘是共享的。

③ 远程桌面连接需要知道远程计算机的用户账户和密码，而远程协助需要邀请。

④ 远程桌面只会在客户端显示计算机屏幕，而远程协助会在双方显示器显示同样的画面。

8.2.2 远程桌面连接

1. 开启远程桌面以接受连接

开启远程桌面功能，可以使其他计算机能够远程使用本机。此功能不对 Windows 10 家庭版用户提供，如果是 Windows 10 专业版用户，可以通过以下方法开启远程桌面：

① 右击桌面上的"此电脑"图标，选择"属性"，进入"系统"窗口，如图 8-9 所示。

② 单击左侧的"远程设置"选项卡，将打开"系统属性"窗口的"远程"选项卡，如图 8-10 所示。

③ 选中"允许远程连接到此计算机"，并选中"仅允许使用网络级别身份验证的远程桌面的计算机连接"，然后单击"选择用户"按钮。

图 8-9　打开设置窗口　　　　　　　　　图 8-10　允许远程桌面

④ 如果你是计算机上的管理员,则你的当前用户账户将自动添加到远程用户列表,并且可以跳过接下来的步骤。

如果当前账户并非管理员账户,或者想添加新的账户,则在"远程桌面用户"对话框下,单击"添加",在"选择用户或组"对话框中,单击"位置"选择要搜索的位置,在"输入要选择的对象名称"中输入要添加的用户名称,然后单击"确定"按钮。该名称将显示在"远程桌面用户"对话框中的用户列表中。单击"确定"按钮,然后再次单击"确定"按钮。

⑤ 接下来需要记下远程计算机的名称。右击"开始"按钮,选择"系统"项,在"计算机名称、域和工作组设置"下,可以找到计算机名称及其完整计算机名称(如果你的计算机在某个域中)。

2. 连接到远程计算机

要连接到一台远程计算机,首先需要保证远程计算机已经打开"远程桌面"功能。接下来按以下步骤进行连接。

① 单击任务栏的"小娜"按钮,或者按下 Win+S 组合键打开搜索。在其中输入"远程桌面",选择"远程桌面连接",即可进入远程桌面应用,如图 8-11 所示。

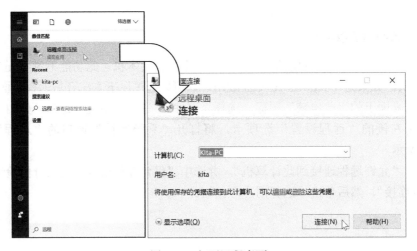

图 8-11　打开远程桌面

② 在"计算机"栏输入要连接的计算机名或者远程 IP 地址，单击"连接"按钮。如果本机与远程计算机登录的是同一个微软账户，则不需要输入密码。

③ 在弹出的提示窗口中选择"是"，即可连接到远程计算机，如图 8-12 所示。也可以选中"不再询问我是否连接到此计算机"选项以避免以后出现此提示窗口。

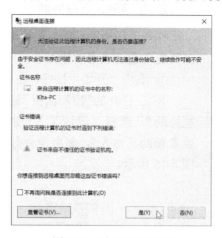

图 8-12　确认远程连接

④ 接下来远程计算机将自动进入锁屏状态，同时屏幕会显示在当前计算机上，如果此时远程计算机再次登录，则会使远程桌面断开。在本地计算机屏幕上方会显示出远程连接工具栏，其中标识出了当前网络状态。单击工具栏上的"关闭"按钮即可断开远程桌面，如图 8-13 所示。

图 8-13　控制远程计算机

8.2.3　远程协助

1. 开启远程协助

如果想要能够发送远程协助邀请，首先需要打开 Windows 的远程协助功能。

① 单击任务栏的"小娜"按钮，或者按下 Win+S 组合键打开搜索。在其中输入"远程协助"，然后选择"允许从这台计算机发送远程协助邀请"。

图 8-14 开启远程协助

② 在打开的"系统属性"窗口中，选中"允许远程协助连接这台计算机"，单击"确定"按钮即可打开远程协助，如图 8-14 所示。

2. 邀请他人远程协助

打开远程协助功能后，就可以使用"Windows 远程协助"工具发送邀请或帮助他人了。

① 右击"开始"按钮，在快捷菜单中选择"控制面板"。

② 在打开的"控制面板"窗口右上角的搜索栏中搜索"远程协助"，选择"邀请某人连接到你的电脑为你提供帮助，或者帮助其他人"，然后便会打开"Windows 远程协助"，如图 8-15 所示。

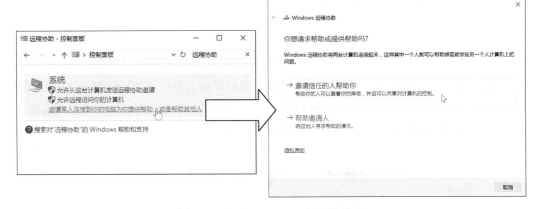

图 8-15 打开"Windows 远程协助"

③ 当需要邀请他人协助的时候，选择"邀请信任的人帮助你"，接下来会显示三种邀请方式。如果双方开启了"轻松连接"，可以比较方便地邀请他人；如果计算机绑定了邮件应用，可以通过电子邮件发送邀请；示例中将选择"将该邀请另存为文件"，如图 8-16 所示。

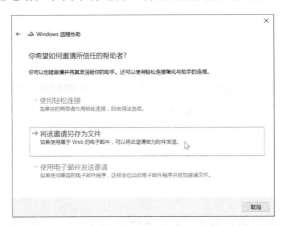

图 8-16 将邀请另存为文件

④ 在弹出窗口中选择文件保存位置，保存文件后将弹出等待连接窗口，接下来需要

将窗口中显示的密码和刚才保存的文件一并发送给协助方，同时不要关闭窗口并等待他人连接即可。

⑤ 当他人收到邀请，尝试进行连接协助时，本机将收到提示，单击"是"按钮后，协助者就可以看到本机的桌面了，如图 8-17 所示。

但此时协助者还没有共享输入，不能操作本机的鼠标和键盘输入。如果协助者请求控制本机，本机将接到提示，如图 8-18 所示。

图 8-17　协助者请求连接　　　　　　　　　　图 8-18　协助者申请控制

⑥ 在显示的"Windows 远程协助"窗口中，单击"停止共享"可以结束协助者的输入权限，单击"聊天"可以给协助者发送消息或者查看本次连接的日志。

⑦ 如果想要关闭远程协助，单击窗口右上角的"关闭"按钮即可，如图 8-19 所示。

图 8-19　"Windows 远程协助"窗口

3. 接受他人的协助邀请

如果要远程协助其他人，操作步骤为：

① 先要收到被协助者发来的邀请文件和密码，如图 8-20 所示。

图 8-20　接受他人的协助邀请

② 打开邀请文件，在弹出窗口中输入密码，就会给被协助者发送提示消息。

③ 等待被协助者确认之后，就会连接到被协助者的计算机，并显示被协助者的屏幕画面。

④ 默认情况下画面可能会有拉伸变形，可以自行调整窗口大小或者点击菜单栏的"实际大小"按钮来消除这种情况。

⑤ 此时虽然同步显示屏幕画面，但还不能对被协助者的计算机进行控制，在想要控制的情况下，单击窗口左上角的"请求控制"按钮，被协助者就会收到请求控制的消息提示。如果被协助者确认了控制申请，就可以对被协助者计算机进行键盘和鼠标输入了，如图 8-21 所示。

图 8-21　请求控制

⑥ 当想要结束控制的时候，直接单击窗口右上角的"关闭"按钮即可。

习 题 8

1. 使 Windows 10 中标题栏的文字加粗显示。
2. ClearType 的作用是什么？
3. 远程桌面和远程协助有什么区别？
4. 在本机开启远程桌面与远程协助。
5. 尝试对其他计算机进行远程桌面的连接。
6. 尝试向其他计算机发出协助邀请。

第 9 章

Metro 风格应用

Metro 风格应用，也称通用 Windows 平台应用，是为 Windows Phone 和 Windows 8 及其之后的操作系统推出的应用类型，是一种通过 Windows 应用商店向 Windows 操作系统分发的移动应用程序，它们在设计、开发、分发及内容上不同于传统桌面应用程序。

在安装方式方面，不同于其他应用程序，对于 Metro 风格的应用程序来说，只能够通过 Windows 商店来购买安装。购买而来的 Metro 风格应用程序与账户绑定，因此无论身处何处，都可通过同一账户安装于不同的设备中。

在安全性方面，一般的 Windows 软件有使用和改变整个生态系统的能力。例如，当 Windows 账户使用控制面板和杀毒软件前，系统会发出提醒并让用户干预应用行为，以免带来威胁。然而 Metro 风格应用软件运行于沙盒中，无法改变 Windows 操作系统的生态环境。它们需要权限才可访问硬件资源，比如网际录影机和麦克风，而且也仅能使用用户文档，比如我的文档。微软也会对 Windows 应用商店的应用进行审核，如果发现存在安全和隐私问题，则进行删除。

Metro 风格应用从"开始"菜单进入，在"开始"菜单上的表示形式称为磁贴，每个通用 Windows 平台应用都有一个磁贴。用户可以启用不同的磁贴大小（小、中等、宽形和大）。一些应用可以使用磁贴通知更新磁贴，以向用户传达新信息，如头条新闻或最近未读邮件的主题。如图 9-1 所示，"开始"菜单右侧即为各种应用的磁贴。

图 9-1　Metro 应用磁贴

Windows 10 在安装完毕时就会自带一些 Metro 风格应用，并将这些应用磁贴放在"开始"菜单右侧的磁贴区域。本章将介绍一些 Windows 10 中自带的 Metro 附件应用。

9.1 使用人脉应用

Windows 10 提供"人脉"应用将用户的通讯簿和社交应用融为一体。通过单个应用即可实现以下所有功能：添加联系人及在 Skype 上与好友和家人保持联系；"人脉""邮件"和"日历"应用密切协作；在通过"邮件"应用向联系人发送电子邮件时，该应用会从"人脉"应用（联系人信息的存储位置）中选取此联系人的电子邮件地址。

9.1.1 打开 Metro 应用

打开一个 Metro 应用有多种方式：

图 9-2 启动"人脉"应用

① 从"开始"菜单的程序列表中找到应用后单击。

② 在添加了此应用磁贴的情况下单击磁贴。

③ 通过 Win+S 组合键或任务栏"小娜"图标启动搜索，输入应用名称即可找到。

如图 9-2 所示，可以通过搜索启动"人脉"应用。

9.1.2 添加联系人

1. 添加账户并导入联系人

单击应用图标后将打开"人脉"应用主界面，如果想要导入保存在网络账户上的联系人，或者想要将以后添加的联系人同步存储到网络中，可以通过下面的方式：

① 单击右侧"添加账户"按钮来同步一个网络账户，如图 9-3 所示。

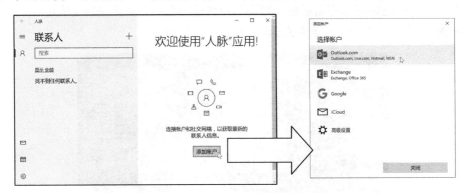

图 9-3 添加账户

② 在弹出的"添加账户"窗口中，选择账户类型后，转到用户名输入界面，输入用户名后单击"下一步"按钮。

③ 在接下来的页面中输入密码，单击"登录"按钮后即可将账户添加到应用中，如图 9-4 所示。

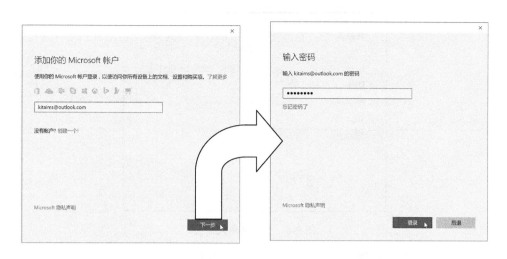

图 9-4　输入账户信息

　　账户添加完毕后，如果在账户中已经保存了联系人信息，那么这些联系人将被自动同步到"人脉"应用中。

　　提示：如果用户已经在用户账户中登录了微软账户，那么该账户将被自动添加到"人脉"应用，不需要再手动添加。

2. 手动添加联系人

　　① 在"人脉应用"主界面，单击"新建联系人"按钮。

　　② 在"新建 Outlook（邮件和日历）联系人"页面，在各个输入框中填上联系人的相关信息。

　　③ 单击"保存"按钮，即可添加一个新的联系人，如图 9-5 所示。

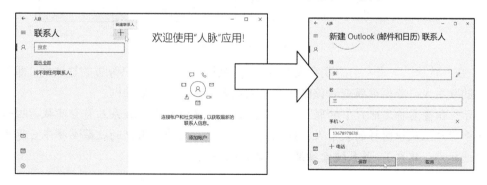

图 9-5　新建联系人

9.1.3　查看联系人

　　默认情况下，所有联系人将按照拼音首字母排序显示在主界面中，单击选中其中一个联系人，即可查看该联系人的信息，如图 9-6 所示。

　　除了默认显示方式外，"人脉"应用还提供了筛选功能，让用户可以根据一些筛选条件显示部分联系人，方法为：

图 9-6　查看联系人信息

① 单击左下角的"设置"按钮，转到"设置"页面。

② 选择"筛选联系人列表"项，将转到"筛选联系人"页面，如图 9-7 所示。

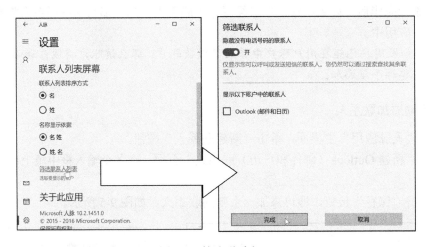

图 9-7　筛选联系人

③ 在"显示以下账户中的联系人"中，清除要隐藏的任何账户旁边的复选框，即可隐藏该账户的联系人。若要重新查看该账户中的联系人，请选中该复选框。

提示：仅查看特定账户中的联系人时，用户在其他账户上的联系人将会隐藏，但如果用户在多个账户上认识同样的联系人，则他们仍会显示。此外，用户的收藏夹将不会隐藏（无论用户选择哪个账户），并且搜索结果中可显示每个人。

9.2　使用地图应用

无论是驾驶、步行还是乘公交，Windows 10"地图"都可以指引用户到达目的地。用户可以获取路线并从备用路线中进行选择，或规划具有多个停靠站的更长行程。如果出门旅行，还可以在出发前下载离线地图，这样即使无法访问网络也可以搜索并获取路线。

启动"地图"的方式和其他 Metro 应用相同，通过"开始"菜单的程序列表或者应用磁贴，单击后进入"地图"应用主界面，如图 9-8 所示。

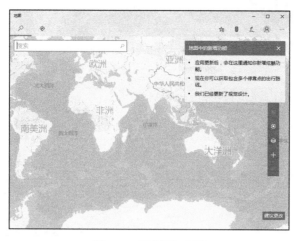

图 9-8　"地图"应用

9.2.1　查找指定地点

在地图上查找指定地点的方式非常简单。

① 在左上方的"搜索"栏中，输入想要查找的地名，如图 9-9 所示。

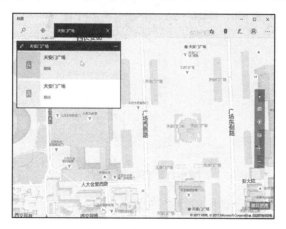

图 9-9　查找指定地点

② 按下"回车"键或单击右侧的"搜索"按钮，即可显示所有的搜索结果。

③ 选择其中一个会转到所在位置，并显示相关信息。

9.2.2　获取导航路线

使用"地图"应用可以获取到任何地址、路标或企业的路线。如果计算机中带有 GPS 功能，"地图"应用还可以通过语音提示告诉用户该如何前进。

① 选择左上角的"路线"按钮。

② 根据用户需求，可更改交通模式（例如"步行"或"公交"），然后选择"路线选项"，从而避免在驾驶时出现收费或交通拥挤等现象，或在选择公交路线时减少步行，如图 9-10 所示。

③ 在"A（起点）"和"B（目的地）"框中，输入地址、城市、企业名称或联系人姓名。可以从输入时显示的结果中进行选择。

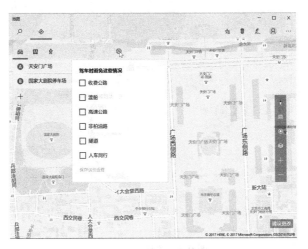

图 9-10　设置路线选项

④ 单击"获取路线"按钮，将显示所有可选路线，如图 9-11 所示。

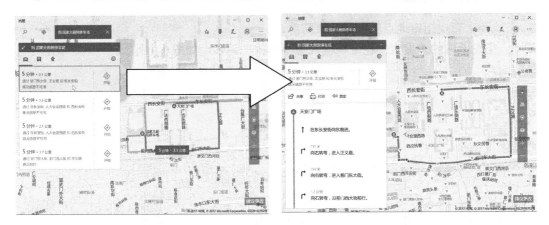

图 9-11　获取导航路线

⑤ 选择其中一项，会显示详细的行进路线。

9.2.3　在地图上绘图

1．Windows Ink 工具栏

在"地图"应用主界面，单击"Windows Ink"图标将显示 Windows Ink 工具栏。

如果用户已经有配对的笔，那么便可以在地图上直接书写或涂画。若要使用手指、鼠标，需要先选择工具栏右侧的"触摸写入"，然后选择所需工具。在想要移动地图、缩放或在应用中执行任何其他操作时，请关闭"触摸写入"。

提示：通过手指触摸写入时，需要计算机支持触摸屏幕。如果计算机不支持触屏，可以使用鼠标进行绘图。

2．绘制或添加注释

如果要开始绘制或书写，在 Windows Ink 工具栏上选择"圆珠笔"。（如果你使用的是手指、鼠标或触笔，请先打开"触摸写入"）。再次选择"圆珠笔"可以更改墨迹颜色或线宽。

地图将自动保存用户做的标记。只要用户返回到地图上的该位置，所做标记就会出现在该处。放大或缩小地图，或者随意移动地图，注释也会随其移动，如图 9-12 所示。

图 9-12　在地图上绘制

3．获取路线

若要在不搜索地点名称或地址的情况下获取路线，此时，可以在 Windows Ink 工具栏上选择"路线"，然后在地图上的任意两点之间绘制一条线。该条线将自动捕捉到这两个点之间的最佳可用路线。

4．测量距离

如果想要知道任意一条路线的距离，可以在 Windows Ink 工具栏上选择"测量距离"，然后沿着要测量的路线绘制一条线。当用户抬起笔、鼠标或手指时，距离将显示在所绘制的线条旁边，如图 9-13 所示。

图 9-13　测量距离

9.3　使用天气应用

Windows 10 的"天气"应用可以用来方便地获取最新的天气情况，随时查看精确的 10

天和每小时天气预报。

　　"天气"应用支持动态磁贴功能，只要打开开始菜单，就会在磁贴上显示出当前位置的天气状况，如图 9-14 所示。

图 9-14　"天气"应用动态磁贴

　　提示："天气"应用和动态磁贴的更新需要连接到网络。

　　单击磁贴或者应用列表中的"天气"，即可打开"天气"应用的主界面，如图 9-15 所示。

图 9-15　"天气"应用主界面

　　打开"天气"应用后，默认显示当前位置未来一段时间的天气情况，单击左侧的"历史天气"按钮，还可以查看当前位置某个月的历史最高气温、历史最低气温、平均最高气温、平均最低气温等信息。

　　如果想要查看其他地区的天气预报，只需在右上角的搜索栏输入地名后按"回车"键确认即可。

9.4　使用应用商店

　　"Windows 应用商店"是获得新的 Metro 应用的唯一方式，应用商店中提供了大量免费和收费的应用程序，通过应用商店可以为 Windows 10 安装新的应用。需要注意，"Windows 应用商店"也需要连接到网络才能正常工作。

9.4.1　安装新应用

　　添加新应用的操作过程如下：

　　① 单击"开始"菜单应用列表或磁贴中的"应用商店"，打开"Windows 应用商店"主

界面，如图 9-16 所示。

图 9-16　应用商店主页

② 在应用商店主页将显示当前推荐的应用和游戏，其中多数是当前比较热门或者刚上架不久的应用和游戏。如果只想查看应用，可以单击左上方的"应用"标签页，同样地，也可以只查看游戏。如果想要查找已经知道名称的特定应用，可以使用右上角的搜索栏。

③ 单击想要查看的应用后，会转到该应用的详细信息页面，如图 9-17 所示。在此页面将显示用户对该应用的评价、该应用的描述与截图、是否收费与价格等信息。

图 9-17　查看应用详情

④ 确认安装该应用，对于免费应用，直接单击"获取"按钮即可自动开始下载安装。对于收费应用，则需要单击"购买"按钮进行付款，应用商店在中国大陆目前支持银联信用卡、银联借记卡、支付宝三种直接付款方式，也可通过购买 Xbox 礼品卡先将金额充值到微软账户，再购买应用。

⑤ 获取应用完毕后将自动开始下载，同时显示下载和安装进度，如图 9-18 所示。单击进度条右侧的按钮，可以分别进行"暂停"或"取消"操作。

⑥ 应用安装完毕后，将自动显示在"开始"菜单文件列表最上方的"最近添加"栏，以便用户查找，如图 9-19 所示。

图 9-18　应用下载

图 9-19　查看最近安装的应用

9.4.2　更新应用

1．开启自动更新功能

开启"Windows 应用商店"的自动更新功能后，可以自动对应用进行更新，同时确保应用的保存资料不会丢失。方法为：

① 单击右上角的"菜单"按钮，选择"设置"选项。

② 在"设置"窗口中，确保"自动更新应用"打开，这样应用商店就会定期检查所有已安装的应用是否有更新，如图 9-20 所示。

图 9-20　应用商店设置

提示：在"设置"窗口还可进行一些其他设置，例如，可以关闭动态磁贴，或者在购买应用时免除密码输入等。

2．检查应用程序更新

如果想要立即检查应用程序的更新，方法为：

① 单击右上角的"菜单"按钮后，选择"下载和更新"项。

② 在"下载和更新"窗口中，单击右上角的"获取更新"按钮，如图 9-21 所示，"Windows 应用商店"会立刻检查是否有更新可用，并将可更新的应用显示出来。

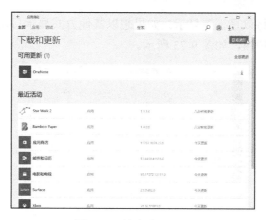

图 9-21 检查应用更新

③ 单击"全部更新"或者应用右侧的"下载"按钮，就会开始更新应用。

在"下载和更新"窗口，还显示了最近的应用程序安装和更新日志，可以查看应用商店于何时更新和哪款应用。

9.5 使用日历应用

借助"日历"应用，用户不仅可以看到任意一年的日历，还可以查看节日、添加日程、打造属于自己的一个日历。另外，还可以同时在同一位置看到多个日历，比如工作日历、生活日历等。

提示：如果使用"日历"时，已经在计算机上登录了微软账户，那么在打开"日历"时，"日历"应用将自动同步微软账户的所有事件。若要查看其他日历的事件，请将其他账户添加到"日历"应用。

1. 查看日历

"日历"应用支持动态磁贴，动态磁贴会显示当前日期与星期。单击磁贴或者应用列表的"日历"选项，可以进入日历主界面，如图 9-22 所示。

图 9-22 打开"日历"应用

初次使用"日历"将以月视图显示。如果想以其他方式显示日历，可以单击窗口右上方的"天""周""年"等按钮，如图 9-23 所示。

图 9-23 显示一年的日历

2．添加日历

"日历"应用还提供了一些其他方便的日历，用户可以根据自己的喜好随意添加。

单击左侧的"添加日历"按钮，选择自己想要添加的日历类型，再选择详细分类，即可将日历添加到自己的日历列表。

如图 9-24 所示，当我们选择了中国的假日日历，在右侧日历中就会显示出所有节假日。

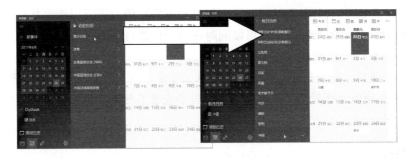

图 9-24 添加日历

3．快速添加事件

在某一时刻添加事件的最快方法为：

① 切换到"周"视图，以便以后选择时间。

② 选择所需日期。可以通过单击左侧日历来快速定位到某个日期。

③ 单击日历中的空白时间段，如图 9-25 所示，在弹出窗口添加所需的详细信息。

图 9-25 快速添加及调整事件

④ 单击"完成"按钮。

提示：鼠标悬停在已经添加的事件上，将显示时间调节按钮；鼠标拖动顶部或底部的按钮可以快速调整时间段。

如果找不到空白时间段，可以按以下方式添加事件：

① 单击左侧"新事件"按钮。

② 输入事件或会议的名称、日期、时间和地点。

③ 如果这是重复事件，单击"重复"按钮将打开"重复"选项，可以设置重复事件的频率以及开始、结束的日期等。

④ 单击"保存并关闭"按钮保存事件。

4．删除事件

右键单击一个事件，在弹出菜单中选择"删除"，即可删除事件。如果该事件是重复事件，将会弹出选项，可供选择"删除一个"或"全部删除"，如图 9-26 所示。

图 9-26　删除事件

9.6　使用照片应用

Windows 10 提供的"照片"应用可以方便用户查看图片。单击"开始"菜单中程序列表或者磁贴上的"照片"图标，进入"照片"应用。

1．添加图片文件夹

照片应用默认显示保存在当前用户图片文件夹和 OneDrive 上的图片。如果想同时显示其他文件夹的图片，方法为：

① 单击窗口右上角的"导入"按钮，然后选择"在文件夹中"，如图 9-27 所示。

② 在弹出的"选择文件夹"窗口中，选中想要添加的文件夹。

③ 单击"将此文件夹添加到图片"按钮即可完成文件夹的添加。

④ 稍等一段时间后，"照片"应用就会将在文件夹中的图片显示在"集锦"中。

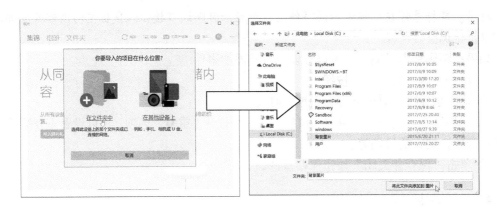

图 9-27　添加图片文件夹

所有已添加的文件夹中的图片会按照时间顺序显示在"集锦"中。

2．取消显示文件夹的图片

如果想要取消显示某个文件夹的图片，方法为：

① 单击右上角的"查看更多"按钮，选择"设置"选项。

② 在切换到的"设置"窗口中，可以看到所有的图片文件夹，如图 9-28 所示。

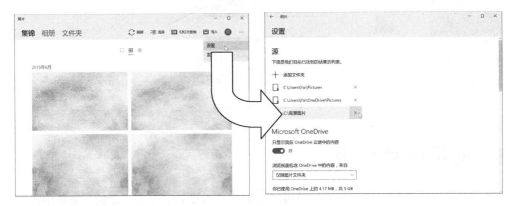

图 9-28　移除图片文件夹

③ 单击想要移除的文件夹右侧"移除"按钮。

提示：移除文件夹并没有删除文件夹中的图片。

9.7　使用电影和电视应用

通过"电影和电视"应用可以方便地查看与播放视频。单击"开始"菜单中程序列表或者磁贴上的"电影和电视"图标，进入"电影和电视"应用。

1．添加新的文件夹作为视频文件夹

"电影和电视"主页面将显示所有视频文件夹的视频。可以通过下面的方法添加新的文件夹作为视频文件夹。

① 单击"添加文件夹"按钮，如图 9-29 所示。

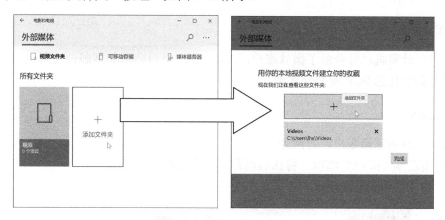

图 9-29　添加视频文件夹

② 在弹出的视频文件夹列表中，单击"添加文件夹"按钮。

③ 在弹出的"选择文件夹"窗口，选中文件夹后单击"将此文件夹添加到视频"完成添加。

2. 播放视频

视频文件夹添加完毕后，"电影和电视"应用将重新扫描文件夹，并将所有视频显示在主页面。单击其中某个视频即可开始播放，如图 9-30 所示。

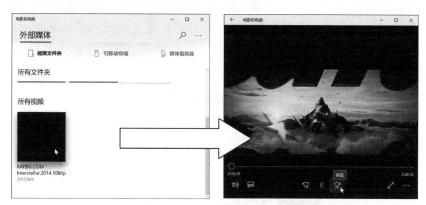

图 9-30　播放视频

在播放过程中，将鼠标移动到播放区域时，会显示出播放进度条以及一些实用按钮，比如音量调节与快进快退等。将鼠标移出播放区域，或者鼠标静止一段时间后，会隐藏控制按钮。

提示：直接在"资源管理器"中以"电影和电视"应用打开一个视频，也可以方便地进行视频播放。

9.8　使用邮件应用

"邮件"应用可以为用户同时管理多个邮箱，并且可以在后台定时接受邮件，同时还会在有新邮件时发送 Windows 通知。单击"开始"菜单中程序列表或者磁贴上的"邮件"图标，进入"邮件"应用。

9.8.1 管理账户

如果当前计算机已经登录了微软账户，那么该账户将自动添加到邮件应用。另外，"邮件"应用还可以添加任意 POP 或 IMAP 账户。

1. 添加账户

添加一个新的邮箱账户，方法为：

① 单击左侧"账户"选项，将在右侧弹出"管理账户"窗口。

② 单击"添加账户"选项，如图 9-31 所示。

图 9-31　管理账户

③ 在弹出的"选择账户"页面，如果想要添加的是微软的 Outlook 账户、谷歌的 Gmail 账户或者苹果的 iCloud 账户，直接单击相应的选项后，输入用户名密码即可。

④ 对于其他大多数邮箱，如 163 邮箱和 QQ 邮箱等，需要选择"其他账户"选项，如图 9-32 所示。

图 9-32　选择账户

提示：对于 POP 和 IMAP 邮箱账户，如 163 邮箱等，需要确保账户已经开启了 POP、IMAP 功能，该选项一般可以在该邮箱的官方网站登录后找到。

⑤ 选择"其他账户"后，在接下来的页面中，依次填写邮箱地址、自定义的名称以及邮箱密码，单击登录按钮。如果验证密码无误，单击"完成"按钮即可完成账户的添加，如图 9-33 所示。

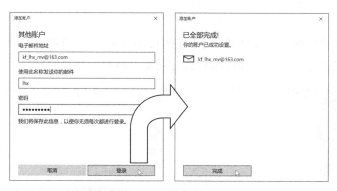

图 9-33　添加账户

2. 移除账户

当想要移除已经添加的账户时，方法为：

① 单击左侧"账户"选项。

② 单击选择想要删除的账户，如图 9-34 所示。

图 9-34　选择待删账户

③ 在弹出窗口中选择"删除账户"选项，单击"删除"按钮，如图 9-35 所示。

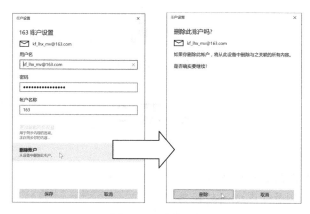

图 9-35　删除账户

9.8.2　邮件管理

1. 查看和管理邮件

"邮件"应用会定期接收所有邮箱账户的邮件，如果想要立即检查邮件，可以单击右上角的"同步"按钮。

所有收到的邮件将放在"收件箱"中，选中其中的邮件，即可查看邮件详情，如图 9-36 所示。在详情页面上方，可以选择对邮件进行回复、转发、删除等操作。

图 9-36   查看邮件

2. 发送邮件

单击左侧"新邮件"选项，将打开撰写邮件页面，填上收件人的邮箱地址后，写上主题和内容，单击右上角的"发送"按钮，即可将邮件发送出去，如图 9-37 所示。

图 9-37   发送邮件

习 题 9

1. 什么是磁贴？
2. 使用"人脉"应用添加联系人。
3. 在"地图"上测量两点之间的距离。
4. 查询海拉尔的天气情况。
5. 将明天的日程添加到"日历"中。
6. 发送一封电子邮件。

第 10 章

实用 PC 附件

Windows 在早期版本就于安装之初附带一些实用的小工具以方便用户使用，大多数会放在"开始"菜单的"附件"目录下，所以常以附件代称这些小工具。在本章将介绍一些实用附件。

10.1 便签

便签是一款能够让用户随时随地把自己的想法贴起来的便利工具。可以用来写下一些提醒事项以便备忘。便签是从 Windows 7 系统开始出现的一款系统自带桌面应用。可以附着在桌面，方便提醒我们待办事宜。该程序英文名称为 Sticky Notes。

1. 记录便签

① 在"开始"菜单的程序列表中找到"Sticky Notes"，或者按下键盘上的 Win+S 组合键启动搜索，输入"Sticky Notes"，单击以打开一个新的便签，如图 10-1 所示。

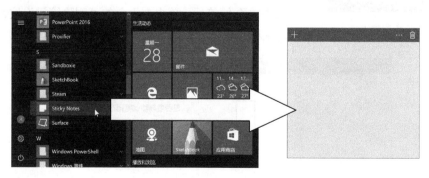

图 10-1　新建便签

② 在打开的便签上，可以直接用键盘输入文字。如果计算机支持触控笔的话，也可以使用触控笔进行图画，但不能在同一个便签上同时使用键盘文字和图画。

③ 单击左上角的"添加备注"按钮，可以快速打开一个新的便签，如图 10-2 所示。

2. 更改便签底色

选中一个便签后，单击右上角的"菜单"按钮，可以变更便签的底色，如图 10-3 所示。

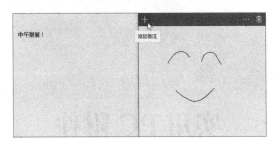

图 10-2　新建便签

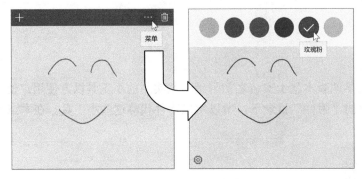

图 10-3　更改便签底色

3．更改便签大小

鼠标悬停在便签窗口边缘，看到鼠标变为双向箭头形状后，按住鼠标进行拖动，可以改变便签的大小，如图 10-4 所示。

4．删除便签

选中一个便签后，单击右上角的"删除笔记"按钮，将弹出确认对话框，单击"删除"按钮即可删除便签，如图 10-5 所示。

图 10-4　更改便签大小

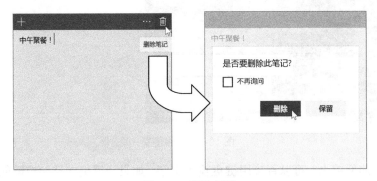

图 10-5　删除便签

提示：对便签进行的修改会自动保存，只要不删除便签，即使是关机也会在下次开机后自动打开便签。

184

10.2　画图

　　画图是一个图像绘画程序。自从发布以来，大部分的 Windows 操作系统都内置了这个软件。它通常叫做 MS Paint 或者 Microsoft Paint。这个软件可以打开并查看 WMF 和 EMF 文件，打开并保存 BMP、JPEG、GIF、PNG 及 TIFF 格式的图像文件。

1．启动画图工具

　　在"开始"菜单中，找到并单击"Windows 附件"，单击其中的"画图"，就会打开画图工具，如图 10-6 所示。或者也可以按下键盘上的 Win+S 组合键启动搜索，输入"画图"或者"mspaint"找到画图工具。

图 10-6　启动画图工具

2．在新画布上绘制图形

　　启动画图工具后将会自动创建一个新的画板。画图工具包含了一系列绘图选项，选择任意范围，有选择（矩形）、橡皮擦 / 彩色橡皮擦、填入颜色、挑选颜色、放大镜、铅笔、粉刷、填充、文字及很多预设的形状等。

　　在工具栏选择一个形状后，用鼠标在画布上拖动，可以快速插入一个图形；选择铅笔、刷子工具则可以在画布上任意涂画，如图 10-7 所示。

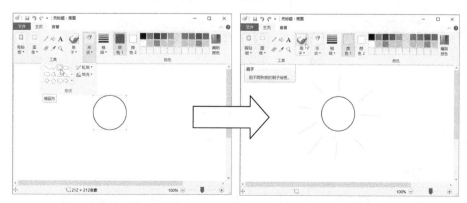

图 10-7　在画布上涂画

3．打开图片文件

单击"文件"菜单→"打开"选项，将弹出"打开"对话框，在其中选择想要打开的文件，然后单击"打开"按钮，即可将图片载入画布，如图 10-8 所示。之后可在原图片基础上进行绘画。

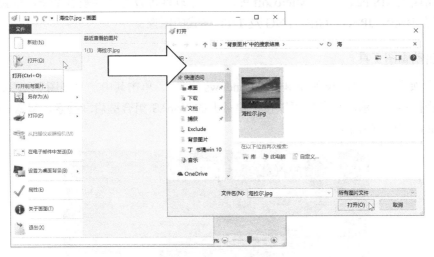

图 10-8　打开已有图片

4．在图形中添加文字

① 单击工具栏上的"文本"按钮。

② 在想要插入文字的位置单击鼠标左键，之后将弹出文字输入框，可以在其中输入文字。

③ 在菜单栏中提供了一些文本选项，可以更改字体字号、文本框背景是否透明等，如图 10-9 所示。

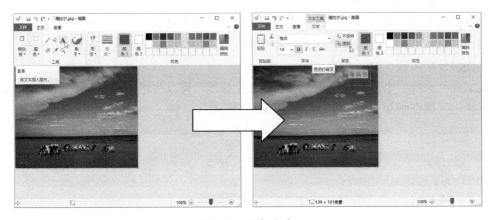

图 10-9　添加文本

④ 在设置完毕后用鼠标单击文本框外任意区域即可确定添加。

5．保存图片

单击窗口上方的"保存"按钮可以保存图片。对于首次创建的图像，将打开"另存为"对话框，选择文件保存位置与文件名后，单击"保存"按钮确认保存，如图 10-10 所示。

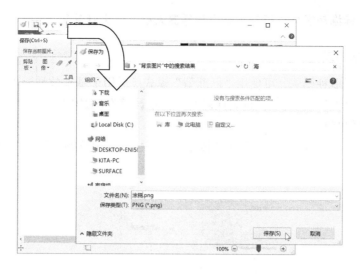

图 10-10　保存图片

对于打开的图片文件或是已经保存过的文件，单击"保存"按钮后将直接覆盖原文件。

提示：如果想要将打开的文件保存为另一个文件，可以使用"文件"菜单→"另存为"选项。

10.3　计算器

Windows 10 的"计算器"应用是 Windows 早期版本中桌面计算器的兼容触摸版本，并且同时适用于移动设备和桌面设备。

"计算器"可以在桌面上同时打开多个，并且可以在标准型、科学型、程序员、日期计算和转换器模式之间切换。

1．启动计算器

在"开始"菜单中，找到并单击"计算器"就会打开计算器工具。也可以按下键盘上的 Win+S 组合键启动搜索，输入"计算器"或者"calc"找到计算器工具。

计算器工具的主界面，如图 10-11 所示。

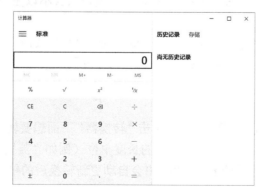

图 10-11　计算器主界面

提示：用鼠标拖动窗口边框可以改变计算器大小，放大计算器可以显示额外信息。

2．计算器的模式

计算器提供了多种模式，可使用"标准型"模式（适用于基本数学）、"科学型"（适用于高级计算）、"程序员"（适用于二进制代码）、"日期计算"（适用于日期处理）和"转换器"（适用于转换测量单位）。

如果要切换模式，可以单击"菜单"按钮，从下拉列表中选择要进入的模式，如图 10-12 所示。

图 10-12　切换计算器工作模式

提示：切换时，将清除当前计算，但会保存"历史记录"和"内存"中的数字。

3．计算

在计算器中使用鼠标单击或者用键盘输入可以进行计算，同时在右侧历史记录中会记录当前计算的所有操作与计算结果，如图 10-13 所示。

4．保存到内存

在标准型、科学型和程序员模式中，数字将保存到"内存"。

① 选择"MS"可以将新的数字保存到内存。

② 选择"MR"可以从内存中检索该数字。

③ 若要显示"内存"列表，选择"M"，或调整窗口大小以在一侧显示"内存"和"历史记录"列表。

④ 若要加减内存中的某个数字，选择"M+"或"M-"，如图 10-14 所示。

⑤ 若要清除"内存"，选择"MC"。

5．单位转换

① 单击"菜单"按钮，从菜单栏中，单击"转换器"下面想要转换的类型，例如"长度"。

② 在单位名下拉列表中选择想要转换的长度单位（例如"英里"）。

③ 通过键盘输入或用鼠标单击数值，将会自动更新转换后的单位，同时会显示一些小知识，如图 10-15 所示。

188

图 10-13　计算与历史记录

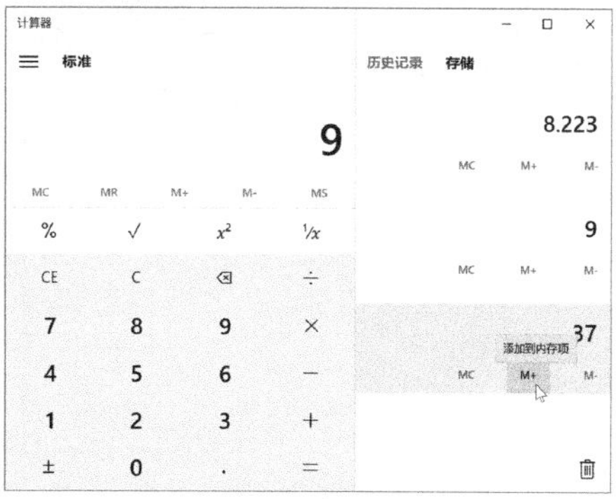

图 10-14　存储数值

图 10-15　单位转换

10.4　记事本

记事本是一个简单的文本编辑器，自 1985 年发布的 Windows 1.0 开始，所有的 Microsoft Windows 版本都内置了这个软件。记事本存储文件的扩展名为.txt，特点是只支持纯文本，即文件内容没有任何格式标签或者风格。

1. 使用记事本

在"开始"菜单中，找到并单击"Windows 附件"，单击"记事本"就会打开记事本工具。或者按下键盘上的 Win+S 组合键启动搜索，输入"记事本"或者"notepad"找到记事本工具。之后将打开记事本工具的主界面。在记事本的文本编辑区域可以输入文字，如图 10-16 所示。

编辑之后，可以单击"文件"菜单→"保存"项，如图 10-17 所示，在打开的"另存为"对话框中保存文本文档。如果想要打开一个已有的文本文档，可以单击"文件"菜单→"打开"命令。

提示：对于打开的文件或者已保存过的文件，再次单击"保存"将会覆盖原文件。

图 10-16　编辑文本　　　　　　　　　图 10-17　保存文件

2. 修改字体

单击"格式"菜单→"字体"命令，将打开"字体"窗口，在此可以修改记事本的字体，如图 10-18 所示，修改完毕后单击"确定"按钮。

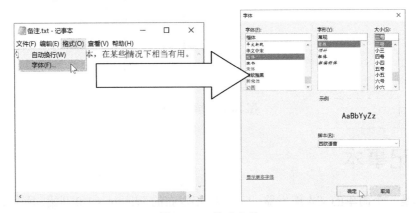

图 10-18　修改字体

3. 设置自动换行

单击"格式"菜单→"自动换行"命令，可以使文本在超过宽度时自动换行，如图 10-19 所示。

图 10-19　设置自动换行

提示：设置字体与自动换行并不会影响实际保存的文档，只是在显示上会有区别。

10.5　写字板

"写字板"是一个简单的文本编辑器，英文称作 WordPad。自从 Windows 95 开始，Microsoft Windows 大部分的版本都内置了这个软件。它的功能比记事本强，但比 Microsoft Word 弱。

写字板的功能包括处理文字格式和将文字打印出来。但它缺少了一些中等程度的功能，例如拼字检查、类语辞典、电子表格等。就其本身而论，它适合书写信件或者短文，不太适合书写长报告（因为这类文件通常有大量的图片）。

1. 启动写字板

在"开始"菜单中，找到"Windows 附件"，单击"写字板"就会打开写字板工具。或者按下键盘上的 Win+S 组合键启动搜索，输入"写字板"或者"wordpad"找到写字板工具。之后将打开写字板工具的主界面，如图 10-20 所示。

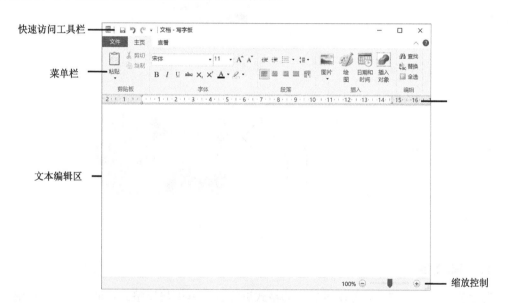

图 10-20　"写字板"主界面

其中，快速访问工具栏提供了最常用的一些工具，菜单栏提供了各种可执行命令，标尺可以用来确认页面布局，文本编辑区显示文件文本，缩放可以控制页面显示的大小。

2. 在写字板中输入文字

用鼠标单击文本编辑区，就可以直接使用键盘进行文本输入，如图 10-21 所示。使用鼠标单击或按键盘方向键可以改变输入位置。

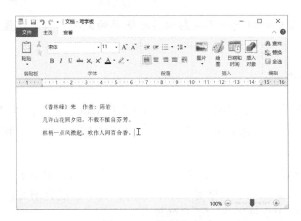

图 10-21　输入文字

3．在写字板中插入图片

单击"主页"选项卡中的"图片"按钮，将打开"选择图片"对话框，选中想要插入的图片后，单击"打开"按钮即可插入图片，如图 10-22 所示。

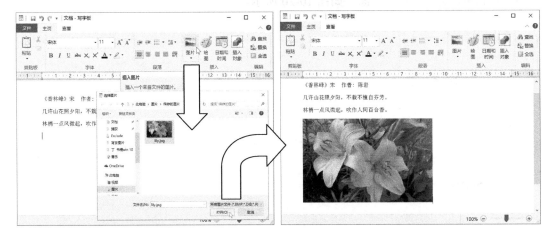

图 10-22　插入图片

4．编辑文档

写字板不同于记事本，可以对文档的格式进行各种编辑与调整。下面介绍一些常用功能。

选中文字后，使用"主页"选项卡中的"字体"区域的各个选项，可以设置文字字体、字号、加粗等，如图 10-23 所示。

使用"主页"选项卡中的"段落"区域的各个选项，可以修改文字的对齐方式、段间距等，如图 10-24 所示。

5．保存文档

对于编辑完成的文档，单击快速访问工具栏的"保存"按钮，可以进行保存。首次保存时，将打开"另存为"对话框让用户选择保存位置，如图 10-25 所示。选择好保存位置，输入文件名后，单击"保存"按钮就会保存文档。

192

图 10-23　字体格式

图 10-24　段落格式

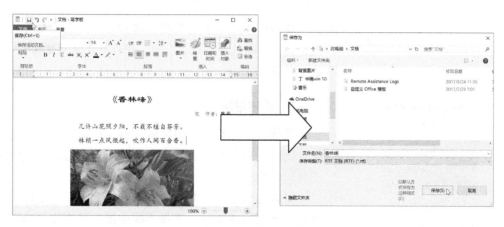

图 10-25　保存文档

10.6　截图工具

截图工具是从 Windows 7 开始的 Windows 都附带的一个工具。它有 4 个截图模式供用户选择：任意格式截图、矩形截图、窗口截图及全屏截图。而且在截图后会自动弹出小型图片编辑器进行图片编辑。

1. 启动截图工具

在"开始"菜单中，找到"Windows 附件"，单击"截图工具"将打开截图工具。或者按下键盘上的 Win+S 组合键启动搜索，输入"截图工具"找到截图工具。之后将打开截图工具，如图 10-26 所示。

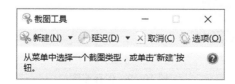

图 10-26　截图工具

2. 捕获截图

在截图工具中，单击"新建"按钮旁边的箭头，可以选择所需的截图类型，然后屏幕会被冻结，此时拖动鼠标选择要捕获的屏幕区域即可，如图 10-27 所示。

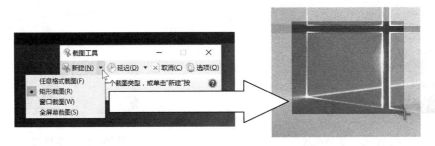

图 10-27　选择捕获区域

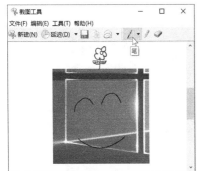

图 10-28　编辑截图

提示：直接单击"新建"按钮以上一次的截图类型捕获截图。如果选择"延迟"项，可以自定义延迟 1～5 秒后冻结屏幕。

3. 编辑截图

选择捕获区域后，该区域的截图将被自动复制到剪贴板，同时会在截图工具中显示所截取的图像，并提供画笔工具以供修改。

可以通过选择"笔"或"荧光笔"按钮，在截图上或截图周围书写或绘画。选择"橡皮擦"可删除已绘制的线条，如图 10-28 所示。

4. 保存图片

单击工具栏上的"复制"按钮，可将修改后的截图复制到剪贴板。或者单击"保存截图"按钮，会弹出"另存为"对话框，选择位置并输入文件名后，单击"保存"按钮，将截图保存为一个文件，如图 10-29 所示。

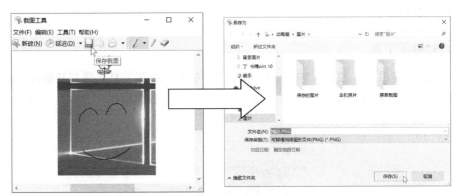

图 10-29　保存截图

10.7 使用辅助工具

Windows 为了使用户能够应对一些不方便的情况，提供了一些辅助工具，这些工具大多放在"开始"菜单的"Windows 轻松访问"文件夹中。

10.7.1 放大镜

放大镜可以放大屏幕上的部分或全部内容，以使文字和图像看得更加清楚。它附带有几种不同的设置。

1. 打开放大镜

打开放大镜的方法主要有下面 3 种：

① 按下键盘上的 Win+=组合键。

② 在"开始"菜单中，找到"Windows 轻松使用"，单击"放大镜"就会打开放大镜。

③ 按下键盘上的 Win+S 组合键启动搜索，输入"放大镜"找到放大镜，将打开放大镜。

提示：除非用户更改设置，否则放大镜将以全屏视图打开。

2. 关闭放大镜

若要退出放大镜，可以使用 Win+Esc 组合键；或选择放大镜图标，然后选择放大镜工具栏上的"关闭"按钮，如图 10-30 所示。

图 10-30　关闭放大镜

3. 更改放大镜视图

通过放大镜的"视图"选项，可以采用 3 种不同的视图来使用放大镜：全屏、镜头或停靠。

（1）全屏视图

在全屏视图中，用户的整个屏幕都会被放大。放大时用户可能无法同时看到整个屏幕，但当用户在屏幕上移动鼠标时，可以看到全部内容。如果有触摸屏，则放大镜将会在屏幕边缘显示白色边框。沿着边框拖动手指或鼠标可在屏幕上移动。

（2）镜头视图

在镜头视图中，当用户在屏幕上移动时，就好像在移动放大镜。

（3）停靠视图

停靠视图在桌面上生效。在此视图中，放大镜停靠在屏幕的部分位置。当用户在屏幕上移动时，屏幕的部分位置将在停靠区域中呈放大显示，如图 10-31 所示。

10.7.2 屏幕键盘

Windows 提供了称为屏幕键盘的工具，可代替物理键盘用于在计算机屏幕上移动或输入文本。

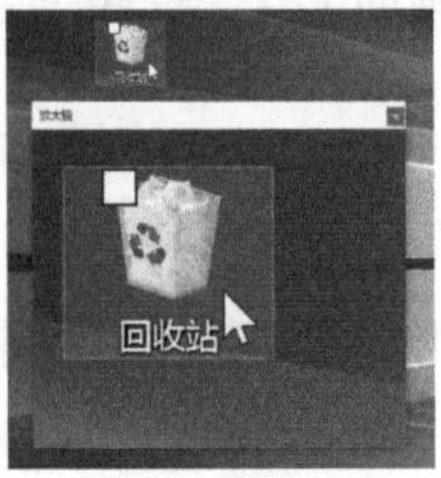

使用屏幕键盘并不一定要有触摸屏。它显示带有所有标准键的可视键盘，可以使用鼠标或其他指向设备选择按键，或使用单个物理键或一组键在屏幕上的键之间循环切换。

1. 启动屏幕键盘

图 10-31 放大镜的"停靠"视图

在"开始"菜单中，找到"Windows 轻松使用"，单击"屏幕键盘"就会打开屏幕键盘。或者也可以使用 Win+S 组合键启动搜索，输入"屏幕键盘"找到屏幕键盘。

此时屏幕上会出现一个键盘，可通过鼠标单击或者通过触屏触摸上面的按键来输入文本，如图 10-32 所示。

图 10-32 屏幕键盘

该键盘窗口可以随意拖动位置，并将保留在屏幕上，直到用户关闭它。

2. 设置屏幕键盘

打开屏幕键盘后，选择"选项"键，将弹出"选项"窗口，如图 10-33 所示。

其中提供了以下选项：

① 使用按键音。如果用户希望在按下某个键时听到声音，则使用此选项。

② 显示按键以便更容易在屏幕上移动。如果用户想要在输入时显示按键，则使用此选项。

③ 打开数字小键盘。使用此选项可展开屏幕键盘以显示数字键盘。

④ 单击按键。如果用户想要通过单击或单击屏幕按键输入文本，则使用此模式。

⑤ 悬停在按键上方。如果用户使用鼠标或游戏杆指向某个按键，则使用此模式。当用户指向某些字符达到指定的时长，将会自动输入用户所指向的字符。

⑥ 扫描所有按键。如果用户想要持续扫描键盘，则使用此模式。扫描模式会突出显示可通过按下键盘快捷方式、使用切换输入设备、使用模拟鼠标单击的设备，而输入键盘字符的区域。

⑦ 使用文本预测。如果用户想在输入内容时为用户提供单词建议，以便无须输入每个完整的单词，则使用此选项。

图 10-33　屏幕键盘设置

习 题 10

1. 创建便签并在重启后查看是否丢失。
2. 使用画图工具绘制一幅简单的图像。
3. 使用记事本录入一些文字并保存。
4. 打开保存的记事本文档，修改字体。
5. 使用截图工具截图并保存。
6. 使用写字板打开保存的记事本文档，查看字体是否有变化，将保存的截图插入文档中。
7. 尝试使用屏幕键盘。

第 11 章

多媒体娱乐工具

随着信息化进程的飞速发展，家庭娱乐发展迅猛。家庭数码娱乐时代使个性张扬成为了时代的主旋律，推动了家庭生活的数字化、现代化、娱乐化。

计算机作为整个家庭的娱乐中心这个概念，微软早就提出过，核心概念就是让计算机作为一个普通的家用电器存在，通过简单的操作实现网络浏览、影视观看、照片查看、游戏体验等，也就是说，它能实现家庭最主要的娱乐功能。

Windows 10 系统提供了丰富的娱乐功能，可以满足用户利用计算机进行休闲和娱乐的需要。

11.1　播放音乐和视频

Windows Media Player 是微软公司出品的一款免费的播放器，属于 Microsoft Windows 的一个组件，通常简称 WMP。

通过 Windows Media Player，用户可以播放 MP3、WMA、WAV 等格式的文件，还可以自定义媒体数据库收藏媒体文件，支持播放列表和从 CD 读取音轨到硬盘，还可以刻录 CD 等。

11.1.1　Windows Media Player 初始设置

如果是首次使用 Windows Media Player，则需要对其进行初始设置。方法为：

① 单击 Windows 桌面上的"开始"按钮，将弹出"开始"菜单。

② 在"所有应用"中找到"Windows Media Player"程序，并单击，如图 11-1 所示。

图 11-1　启动 Windows Media Player 程序

③ 在弹出的"Windows Media Player"对话框中，可以选择"推荐设置"或"自定义设置"。在此选中"推荐设置"，选中该项后，将使 Windows Media Player 成为默认的播放程序，并将自动下载使用权限和媒体信息以便更新你的媒体文件。

④ 单击"完成"按钮，将打开 Windows Media Player 程序主界面，如图 11-2 所示。

图 11-2　Windows Media Player 主界面

11.1.2　创建播放列表

在使用 Windows Media Player 播放音乐或观看视频时，为了更适合我们的播放习惯，可以在媒体库中创建播放列表，这样可以将不同种类的音乐或视频放在不同的播放列表中，在播放列表中还可以调整音乐或视频的播放顺序。创建播放列表的方法为：

① 在 Windows Media Player 主界面中，单击左侧导航窗格中的"播放列表"项，然后在右侧单击"单击此处"项，如图 11-3 所示。

图 11-3　"播放列表"项

② 此时在左侧导航窗格的"播放列表"下方将出现子目录并呈可编辑状态，输入播放列表的名称，如"丁丁最爱"，然后按键盘上的 Enter 键，如图 11-4 所示，右侧就会出现刚创建的播放列表。

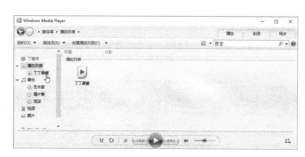

图 11-4　创建播放列表

③ 双击创建的"丁丁最爱"播放列表，然后切换到"播放"选项卡，如图 11-5 所示。

图 11-5　"播放"选项卡

④ 打开要添加的媒体文件所在的文件夹，选择需要添加的媒体文件后，将其拖动到播放列表中，如图 11-6 所示。

图 11-6　添加媒体文件

⑤ 依次添加需要的媒体文件后，单击"保存列表"按钮即可。添加媒体文件后的播放列表如图 11-7 所示。

图 11-7　保存列表

⑥ 双击播放列表中的名称"丁丁最爱"，即可开始顺序播放添加的媒体文件，如图 11-8 所示。

图 11-8　播放媒体文件

11.1.3　管理播放列表

创建播放列表后，播放列表并不是一成不变的，用户可以对播放列表进行管理，例如，可以将播放列表中的文件重新排序，可以将媒体文件从列表中删除，还可以将文件添加到其他播放列表中等。

1．调整播放列表中文件的顺序

在播放列表中选中要调整顺序的文件，然后按住鼠标左键拖动，如图 11-9 所示。拖动到合适位置后，松开鼠标左键即可。

图 11-9　调整播放列表中文件的顺序

2．删除播放列表中的文件

右击播放列表中要删除的文件，在弹出的快捷菜单中单击"从列表中删除"项，如图 11-10 所示，则相应的文件即被删除。

图 11-10　删除播放列表中的文件

3．将播放列表中的文件添加到其他播放列表

如果要将播放列表中的文件添加到其他播放列表，可右击该文件，在弹出的快捷菜单中选择"添加到"项，在弹出的子菜单中选择要添加到的播放列表，或选择"其他播放列表"，这里选择添加到"老歌"播放列表，如图 11-11 所示。

双击左侧导航窗格的"老歌"播放列表，可以看到选中的文件被添加到了该播放列表中。

提示：如果要将播放列表中的文件添加到其他播放列表，此时最好有多个播放列表。如果没有可以再次创建播放列表。

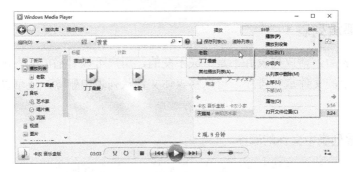

图 11-11　选择要添加到的播放列表

11.1.4　播放音乐

在 Windows Media Player 中播放音乐有多种方法，并且很简单。

1．在播放列表中双击文件播放

在 Windows Media Player 主界面，在播放列表中双击需要播放的音乐，即可开始播放，如图 11-12 所示。

图 11-12　双击文件播放

2．通过打开命令

Windows Media Player 主界面中，右击地址栏的空白处，在弹出的快捷菜单中选择"文件"→"打开"命令，如图 11-13 所示。在弹出的"打开"对话框中，选择要播放的音乐，然后单击"打开"按钮即可播放选中的音乐。

图 11-13　通过"文件"中的"打开"命令

3. 在本地文件夹中播放音乐

在计算机文件夹中找到要播放的音乐后右击，在弹出的快捷菜单中选择"使用 Windows Media Player 播放"项，如图 11-14 所示，即可启动 Windows Media Player 并开始播放选中的音乐。

图 11-14　在本地文件夹中播放音乐

11.1.5　播放控制按钮

在播放音乐的过程中，还可以通过播放控制按钮对文件进行暂停、快进、停止等操作。Windows Media Player 播放控制按钮，如图 11-15 所示

图 11-15　Windows Media Player 播放控制按钮

其中，各播放控制按钮的作用如下：

① 打开无序播放 ：单击该按钮，可按随机顺序播放列表中的音乐；再次单击该按钮，可关闭无序播放。

② 打开重复播放 ：单击该按钮，可在播放结束后重复播放列表中的音乐；再次单击该按钮，可关闭重复播放。

③ 停止 ：单击该按钮，可停止播放音乐。

④ 上一个 ：单击该按钮，可切换到上一首音乐。

⑤ 暂停 ：单击该按钮，可暂停播放音乐，且该按钮变为"播放"按钮 ；再次单击该按钮，可继续播放。

⑥ 下一个/快进 ：单击该按钮可切换到下一首音乐；长按该按钮，还可对音乐进行快进操作。

⑦ 静音 ：单击该按钮，可将音乐静音。

⑧ 音量 ：拖动滑块，可调整音乐的音量。

⑨ 切换到正在播放 ：单击该按钮，可切换到正在播放界面。如果要使播放界面更美观，可在播放界面右击，在弹出的快捷菜单中选择"可视化效果"选项，在弹出的子菜单中选择一种效果即可，这里选择"条纹与波浪"中的"烈焰"效果，如图 11-16 所示，此时可

以看到播放界面的效果。单击"切换到媒体库"按钮,可切换回媒体库播放界面。

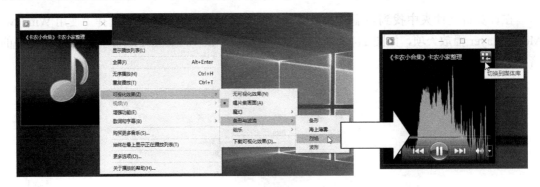

图 11-16　更改播放效果

11.1.6　播放视频

在 Windows Media Player 中播放视频的方法与播放音乐的方法相似。将自己需要的视频文件拖放到播放列表中,如图 11-17 所示,双击要播放的视频文件即可。

图 11-17　播放视频文件

11.1.7　将 Windows Media Player 设为默认播放器

用 Windows Media Player 播放音乐和视频很方便,如果将 Windows Media Player 设为其支持类型的文件的默认播放器,那么只需双击想要播放的文件,即可在 Windows Media Player 中打开相应的文件并进行播放。

将 Windows Media Player 设为默认播放器的方法为:

① 右击某音乐文件(或视频文件),在弹出的快捷菜单中选择"打开方式"中的"选择其他应用"项,如图 11-18 所示。

② 在弹出的"你要如何打开这个文件"提示框中,单击选中"Windows Media Player"项,并勾选"始终使用此应用打开.mp3 文件"项,单击"确定"按钮。

11.1.8　在线试听音乐

在 Windows Media Player 中,不仅可以播放计算机中的音乐,还可以在线试听音乐。

Windows Media Player 提供了许多免费的音乐，可以极大地满足用户的需求。

图 11-18　设为默认播放器

在 Windows Media Player 中在线试听音乐的具体操作步骤如下：

① 在 Windows Media Player 主界面中，单击地址栏中"媒体库"左侧的三角形按钮，如图 11-19 所示，在下拉列表中选择"Wawawa"项，将切换到"Wawawa"界面。

图 11-19　选择"Wawawa"项

② 如果要在 Wawawa 中试听音乐，首先需要注册，单击界面右上角的"注册"，在打开的"新用户注册"界面中，填写完信息，然后单击"提交注册"按钮。

③ 注册成功后，单击界面上方的"音乐心情"链接，选择要试听的音乐，单击"播放"按钮即可试听音乐了。

11.2　照片查看器

Windows 照片查看器是集成在 Windows 操作系统中的一个看图软件，它是最常用的图片浏览工具。如果系统中没有安装其他看图软件，系统将默认使用 Windows 照片查看器来浏览图片。

11.2.1　查看照片

在 Windows 照片查看器中查看图片的方法很简单，可以以幻灯片的形式全屏查看，也可以更改图片的显示大小等。

1. 打开 Windows 照片查看器

在文件资源管理器中，右键单击要查看的图片，在弹出的快捷菜单中选择"打开方式"中的"照片"项，如图 11-20 所示。

图 11-20　图片的快捷菜单

提示：如果是全新安装的 Windows 10 正式版，会发现当在图片上点击右键时，"打开方式"菜单里"Windows 照片查看器"不见了，换成了"照片"应用。而如果是从 Win 7/Win 8 升级到的 Win10 系统，"Windows 照片查看器"则会被保留。

此时将打开 Windows 照片查看器工具，并在其中显示要查看的图片，如图 11-21 所示。单击"幻灯片放映"按钮，可以幻灯片的方式全屏播放图片，按 Esc 键可以退出全屏播放模式。

图 11-21　"照片"主界面

如果要查看下一张图片，单击"下一个"按钮➡或按向右方向键即可，如图 11-22 所示，同样地，单击"上一个"按钮⬅或按向左方向键可以查看上一张图片。

2. 调整照片显示大小

通常情况下，Windows 照片查看器中的照片都是按窗口大小显示的。

图 11-22　查看下一张图片

如果想要放大显示照片，可以单击"缩放"按钮，然后在弹出的界面中左右拖动滑块进行调整，如图 11-23 所示。将照片放大后，还可以按住鼠标左键拖动照片，查看照片的其他部分。

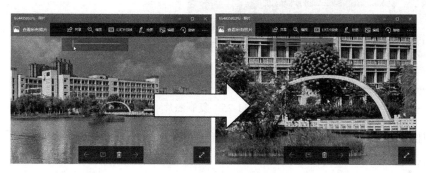

图 11-23　缩放照片

3．旋转照片

如果照片的显示方向与正常显示方向不同，那么可以通过旋转的方式调整过来。方法为：打开一幅照片，如图 11-24 所示，发现显示方向不正确，单击"旋转"按钮 ，此时可以看到照片调整后的效果。

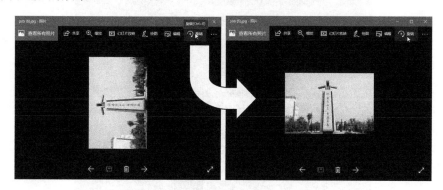

图 11-24　旋转照片

如果方向仍然不正确，可以多次单击"旋转"按钮直到满意为止。

11.2.2 复制或删除照片

在 Windows 照片查看器中不仅可以查看照片，还可以对照片进行复制、删除等简单的编辑操作。

1. 复制照片

① 在 Windows 照片查看器中打开要复制的照片，单击"查看更多"按钮，如图 11-25 所示，在下拉列表中单击"复制"命令，Windows 默认将该照片复制到剪贴板中。

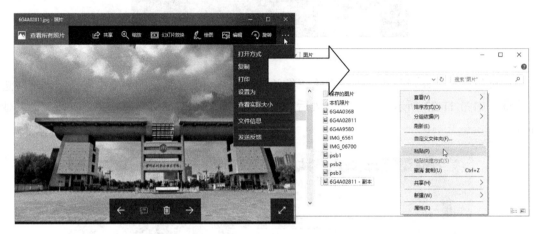

图 11-25　复制照片

② 切换到目的位置，右键单击空白处，在快捷菜单中单击"粘贴"命令，即可看到已经将照片复制到了此处。

2. 删除照片

删除照片时，单击界面下面的"删除"按钮，将弹出"删除此文件"提示框，如图 11-26 所示，单击"删除"按钮即可删除照片。

图 11-26　删除照片

11.2.3　设置默认图片查看软件

用 Windows 照片查看器查看照片很方便，如果计算机中安装了其他看图软件，想要每次打开照片时都启用 Windows 照片查看器程序，就可以将 Windows 照片查看器设置为默认的看图软件。方法为：

①　右击图片文件，在弹出的快捷菜单中选择"打开方式"，在子菜单中单击"选择其他应用"，如图 11-27 所示。

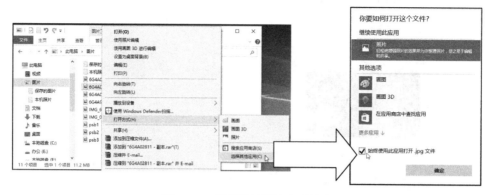

图 11-27　设置默认图片查看软件

②　在弹出的"你要如何打开这个文件"提示框中，选中"照片"项，并且勾选"始终使用此应用打开.jpg 文件"，然后单击"确定"按钮。

11.3　视频剪辑工具

Windows Movie Maker 是 Windows 系统附带的一个影视剪辑软件，能够非常容易地把你的图片和视频制作成流畅的影片，同时可以添加特别的效果、过场动画、配乐和声音、字幕等，通过这些来辅助表现你的影片，告诉人们你的故事。制作完成电影后，可以通过互联网、电子邮件、CD 等与更多人分享。

需要注意的是，大部分 Windows 10 系统没有预装 Windows Movie Maker 软件，用户需要从网络上下载并安装才能使该软件。

11.3.1　下载和安装 Windows Movie Maker

①　打开浏览器，输入网址 http：//www.windows-movie-maker.org/cn。打开对应网页，选择正确的操作系统，然后单击"下载"按钮。

②　双击下载的程序运行文件，单击"是"按钮允许安装包运行。

③　单击"下一步"按钮继续 Windows Movie Maker 的安装进程。选择"我同意授权协议"继续安装。

④　接下来，可以选择 Windows Movie Maker 的安装路径，重新命名"快速启动"按钮等。如果对计算机软件不是非常熟悉，建议你按照默认设置不需要做出改动，一直单击"下一步"按钮即可。

⑤　选项"启动 Windows Movie Maker"是默认选中的，意味着 Windows Movie Maker 会

在安装过程结束之后自动启动。

⑥ 单击"完成"按钮完成安装。

11.3.2　Windows Movie Maker 界面

单击"开始"菜单，在"所有程序"中打开 Windows Movie Maker 程序，其工作界面如图 11-28 所示。

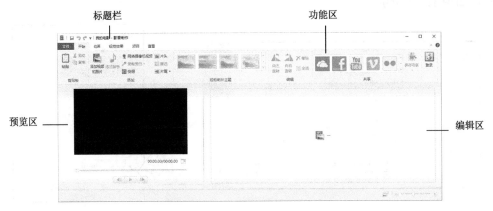

图 11-28　Windows Movie Maker 工作界面

Windows Movie Maker 工作界面的基本组成部分如下：

① 标题栏：标题栏位于窗口的顶端，用来显示当前窗口的名称。

② 功能区：功能区中包含了若干选项卡，几乎所有的功能都可以在功能区中找到。

③ 预览区：用户可在预览区中随时查看电影剪辑的效果。

④ 编辑区：用户将要制作电影的素材视频和照片存放在此处，以方便编辑。

11.3.3　导入素材

在 Windows Movie Maker 中制作电影时，首先需要将计算机中的音频、视频或图片导入 Windows Movie Maker，然后才能开始制作电影。在 Windows Movie Maker 中导入素材的方法为：

① 打开 Windows Movie Maker 工作界面，单击功能区中"开始"选项卡下"添加"组中的"添加视频和照片"图标按钮，如图 11-29 所示。

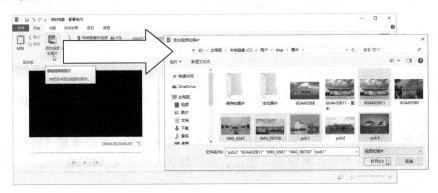

图 11-29　添加视频和照片

② 在打开的"添加视频和照片"对话框中，选择要添加到 Windows Movie Maker 中的素材，然后单击"打开"按钮。

③ 添加视频和图片后的效果，如图 11-30 所示。

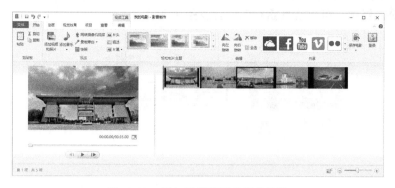

图 11-30　添加视频和图片后的效果

④ 单击功能区中"开始"选项卡下"添加"组中的"添加音乐"图标按钮，在其下拉列表中单击"添加音乐"选项，如图 11-31 所示。

图 11-31　添加音乐

⑤ 在打开的"添加音乐"对话框中，选择要添加到 Windows Movie Maker 中的音乐，然后单击"打开"按钮。

⑥ 此时可以在主界面中看到音乐添加后的效果，如图 11-32 所示。

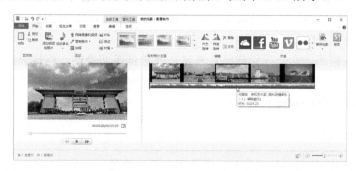

图 11-32　添加音乐后的效果

11.3.4　编辑素材

用户添加到编辑区中的素材顺序就是视频播放的顺序。如果素材的顺序不能满足我们的需要，可以在其中调整素材顺序。对于添加的音乐，还可以设置音乐的开始播放时间、对选定的音乐进行剪裁、设置音乐的起始点和终止点等。方法为：

① 选中需要调整顺序的素材，然后按住鼠标左键进行拖动，如图 11-33 所示。拖动到合适的位置后松开鼠标，可以看到素材的位置发生了变化。

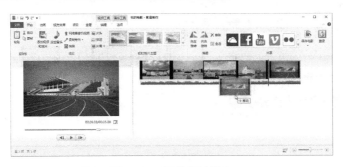

图 11-33　调整素材顺序

② 编辑音乐。在"音乐工具"→"选项"选项卡的"音频"组中，设置"淡入"和"淡出"效果均为"慢速"，使音乐开始和结束不至于太突兀。在"编辑"组中，根据需要设置"开始时间""起始点"和"终止点"，如图 11-34 所示。

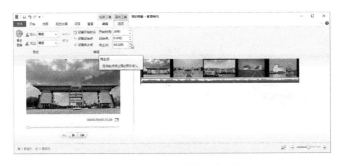

图 11-34　设置音频效果和时间

11.3.5　添加视频特效和过渡

将素材导入 Windows Movie Maker 后，接下来就可以为视频添加特效了。视频特效是指播放视频时的一些特殊效果，在 Windows Movie Maker 中可以添加艺术、黑白、电影、镜像、动作和淡化等多种效果。

通常情况下，相邻的两个视频或照片素材之间是直接切换的，这样显得太突兀，可以在视频之间加上过渡效果，使画面的切换平滑、自然。Windows Movie Maker 中，可以添加对角线、溶解、擦除、平移和缩放等多种效果。

1．添加视频特效

① 选择要添加特效的视频或照片，切换到"视觉效果"选项卡，单击列表框右侧的下三角按钮，在下拉列表中选择"动作和淡化"组中的"扭曲"效果，如图 11-35 所示。

② 这时可在下方的预览区中看到添加的效果。

③ 按照同样的方法为其他需要添加特效的视频添加视频特效。

图 11-35　添加视频特效

2. 添加视频过渡效果

① 选择要添加过渡特效的视频或照片，切换到"动画"选项卡，单击"过渡特效"组中列表框右侧的下三角按钮，在下拉列表中选择"对角线"组中的"对角线—框出"效果，如图 11-36 所示。

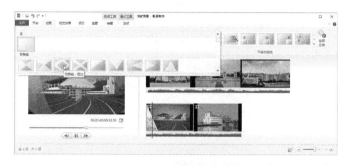

图 11-36　添加视频过渡效果

② 按照同样的方法，为其他需要添加过渡特效的视频添加过渡效果。

③ 视频制作完成后，单击预览区中的播放按钮欣赏视频。

11.3.6　保存电影

电影制作完成后，可以将其以多种格式保存下来，也可以发布到网站上供更多人欣赏。保存电影的方法有多种，可以将电影保存为项目文件或视频文件。保存为项目文件时，视频的特效、过渡等都可以保存下来，且下次打开该项目文件后，还可以对视频进行编辑；如果保存为视频文件，则下次打开后，不能对视频进行编辑。

下面介绍保存电影的几种方法。

1. 利用快速访问工具栏中的"保存"按钮

单击标题栏最左侧快速访问工具栏中的"保存"按钮，弹出"保存项目"对话框，设置保存位置和文件名，如图 11-37 所示，最后单击"保存"按钮，即可保存电影。

提示：使用该方法只能保存电影的项目文件。

2. 通过"文件"选项卡

单击功能区的"文件"选项卡，在弹出的菜单中单击"保存项目"按钮或"将项目另存为"按钮，如图 11-38 所示，单击这两个按钮都可以弹出"保存项目"对话框，然后设置保存位置和文件名，最后单击"保存"按钮即可。使用该方法也只能保存电影的项目文件。

图 11-37　通过快速访问工具栏中的"保存"按钮

图 11-38　通过"文件"选项卡保存项目

3. 通过"开始"选项卡中的"保存电影"

① 在"开始"选项卡下单击"共享"组中的"保存电影"下三角按钮，在弹出的下拉菜单中单击"建议该项目使用"项，如图 11-39 所示。

图 11-39　"保存电影"对话框

② 在弹出的"保存电影"对话框中，设置保存位置、文件名，在"保存类型"下拉列表中选择要保存的类型，最后单击"保存"按钮，即可保存电影。

③ 接着将弹出"影音制作"对话框，显示电影保存的进度，如图 11-40 所示。经过一段时间后，提示电影制作完成可以播放该视频文件或打开其所在的文件夹等。

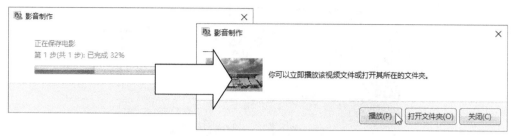

图 11-40　"影音制作"对话框

11.4　在应用商店中畅玩游戏

在 Windows 10 中，应用商店就像是一款手机或者平板电脑上的智能系统。访问 Windows 10 应用商店需要用户登录自己的微软账号，用户下载过的应用都会同步保存在账户中。

Windows 10 应用商店中提供了多种类型的游戏，适合各类玩家。下面介绍两款常见的游戏。

11.4.1　Cut the Rope 割绳子

Cut the Rope（割绳子）是一款适用于多种平台的益智游戏。用户需要割断绳索，让绑着的糖果掉入青蛙嘴里。该游戏的难度在于必须计划好在糖果掉落的过程中吃到各种星星。

① 在"开始"菜单中，单击 Cut the Rope 应用程序项，如图 11-41 所示。

② 将打开 Cut the Rope 游戏主界面，如图 11-42 所示，点击"Play"按钮可开始游戏。

图 11-41　从"开始"菜单启动 Cut the Rope

图 11-42　"割绳子"主菜单

③ 首次开始游戏将播放开场动画，之后会进入第一关，同时也是游戏的教程，如图 11-43 所示。按照演示的方法按住鼠标左键滑动鼠标可以切断绳子，于是糖果会由于重力掉下，收集到所有星星后被青蛙吃掉。

④ 让糖果落入青蛙口中即可完成关卡，关卡中的星星是额外的收集物品供玩家挑战。青蛙吃到糖果后将进入关卡结算画面，如图 11-44 所示。该界面会显示给玩家的评价、收集到的星星以及最终得分。通过单击"Next"按钮可以进入下一个关卡；单击"Menu"按钮可以前往关卡选择界面；如果玩家想要挑战更高分数或者收集全部星星，单击"Replay"按钮可以重玩当前关卡。

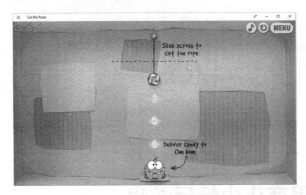

图 11-43　进入关卡

图 11-44　关卡结算

⑤ 单击关卡中右上角的"MENU"按钮会暂停游戏并打开菜单，单击"Continue"可以继续游戏，单击"Level select"可以前往关卡选择界面，如图 11-45 所示。

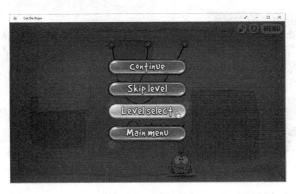

图 11-45　暂停菜单

⑥ 在关卡选择界面可以看到当前解锁的关卡以及关卡的星星收集情况，如图 11-46 所示。单击其中某个关卡的图标即可进入该关卡。

11.4.2　Puzzle Touch 触控拼图

Puzzle Touch（触控拼图）是一款拼图游戏，很有乐趣和挑战性，它要求用户将散乱的拼图块拼合成完整的图画，随着游戏难度增加，所需的图片块数也会越来越多。

① 在"开始"菜单中，单击 Puzzle Touch 程序项可以启动触控拼图，如图 11-47 所示。

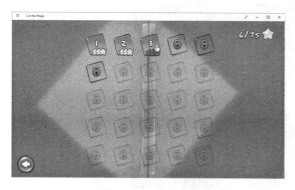

图 11-46 关卡选择界面

图 11-47 启动 Puzzle Touch 游戏

② 在游戏的主界面，将显示拼图图片的分类，如图 11-48 所示。

图 11-48 选择图片分类

③ 点击喜欢的分类后，可以从各种图片中选择一张。之后将显示难度设置界面，如图 11-49 所示。通过滑块可以设置拼图块数量。下方 3 个难度选项分别为"Easy"无旋转，"Medium"点击旋转，"Difficult"手动旋转。设置好难度后单击"Start Puzzle"按钮开始游戏。

图 11-49 设置难度

④ 之后将进入游戏界面，可以看到各种拼图块被散落在四处，单击并拖动拼图块，将其放在正确的拼图块周围，即可拼合成一块，如图 11-50 所示。

图 11-50　拼合图像

⑤ 当所有拼图块拼合完毕后会显示结算窗口，如图 11-51 所示，在该窗口会显示关卡得分。单击"More Puzzle"可以返回主界面，单击"Play Again"可重玩关卡，单击"Next Puzzle"可以继续游玩下一个关卡。

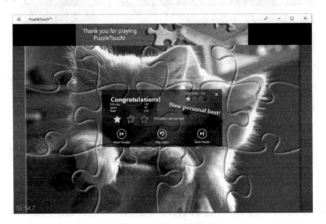

图 11-51　关卡结算

习　题　11

1. 使用 Windows Media Player 播放自己喜爱的音乐和视频。
2. 使用 Windows 照片查看器查看图片。
3. 使用 Windows Movie Maker 导入素材图片和视频，练习制作一部影片。
4. 尝试使用 Windows 10 应用商店中的益智游戏。

第 12 章

硬件与硬件管理

计算机系统包括硬件系统和软件系统两大部分。计算机硬件系统是指构成计算机的所有实体部件的集合，通常这些部件由电子器件、机械装置等物理部件组成。硬件通常是指一切看得见、摸得到的设备实体，是计算机进行工作的物质基础，是计算机软件运行的场所。

硬件管理主要指查看和管理硬件的方法，例如可以查看硬件的安装情况，以便发现硬件的驱动程序、排除硬件一些故障、调试硬件的性能，使计算机更好地管理系统中的硬件，更高效地发挥其性能。

12.1 计算机硬件

计算机硬件的基本功能是接受计算机程序的控制来实现数据输入、运算、输出等一系列操作。虽然计算机的制造技术从计算机出现到今天已经发生了极大的变化，但在基本的硬件结构方面，一直沿袭着美籍匈牙利数学家冯·诺依曼在 1946 年提出的计算机组成和工作方式的基本思想，将计算机硬件分为五大功能部件，分别为运算器、控制器、存储器、输入设备、输出设备。

输入设备负责把用户的信息（包括程序和数据）输入到计算机中；输出设备负责将计算机中的信息（包括程序和数据）传送到外部媒介，供用户查看或保存；存储器负责存储数据和程序，并根据控制命令提供这些数据和程序，它包括内存储器和外存储器；运算器负责对数据进行算术运算和逻辑运算；控制器负责对程序所规定的指令进行分析，控制并协调输入、输出操作或对内存的访问。

12.1.1 鼠标

鼠标的鼻祖于 1968 年出现，美国科学家道格拉斯·恩格尔巴特在加利福尼亚制作了第一只鼠标。"鼠标"因形似老鼠而得名。鼠标的标准称呼应该是"鼠标器"，英文名"Mouse"。鼠标的使用是为了使计算机的操作更加简便，来代替键盘那些烦琐的指令。

鼠标是一种移动光标和实现选择操作的计算机输入设备。随着"所见即所得"的环境越来越普及，使用鼠标的场合越来越多。

1. 有线鼠标和无线鼠标

目前，常见鼠标的外观形式是有线鼠标和无线鼠标两种，如图 12-1 所示。

图 12-1　有线鼠标和无线鼠标

有线鼠标直接用线与计算机连接，因此受外界干扰小，在稳定性方面有优势。无线鼠标没有连线的束缚，可以实现较远地方的计算机操作，携带方便，可以保证计算机桌面的简洁，省去了线路连接的杂乱。

2．鼠标的其他分类方法

除了上述鼠标是否与计算机有连线的分类方法外，鼠标还有很多种分类方法，通常按照键数、接口形式、工作原理等进行分类。

① 按键数分类。鼠标可以分为传统双键鼠标、三键鼠标和新型的多键鼠标。

② 按接口分类。鼠标可以分为 COM、PS/2、USB 三类。

③ 按内部构造分类。可以分为机械式、光机式和光电式三大类。

④ 按工作原理分类。可以分为激光鼠标、光电鼠标（蓝光、针光、五孔）、蓝影鼠标等。

3．新型的 3D 鼠标

3D 振动鼠标是一种新型的鼠标器，它不仅可以当作普通的鼠标器使用，而且具有以下几个特点：

① 具有全方位立体控制能力。它具有前、后、左、右、上、下六个移动方向，而且可以组合出前右、左下等的移动方向。

② 外形和普通鼠标不同。一般由一个扇形的底座和一个能够活动的控制器构成。

③ 具有振动功能，即触觉回馈功能。例如玩某些游戏时，当自己被敌人击中时，会感觉到自己的鼠标也振动了。

④ 是真正的三键式鼠标。

4．鼠标的基本操作

鼠标的基本操作包括指向、单击、双击、拖动和右击。

① 指向：移动鼠标，将鼠标指针移到操作对象上。

② 单击：快速按下并释放鼠标左键。单击一般用于选定一个操作对象。

③ 双击：连续两次快速按下并释放鼠标左键。双击一般用于打开窗口，启动应用程序。

④ 拖动：按下鼠标左键，移动鼠标到指定位置，再释放按键的操作。拖动一般用于选择多个操作对象，复制或移动对象等。

⑤ 右击：快速按下并释放鼠标右键。右击一般用于打开一个与操作相关的快捷菜单。

12.1.2　键盘

键盘是向计算机发布命令和输入数据的输入设备，键盘由打字机键盘发展而来。通过键盘可以输入字符，也可以控制计算机的运行。

键盘由一组排列成阵列的按键组成。依照键盘上的按键数，可分为 104 键和 107 键两种。后者比前者多了 Power、Sleep、Wake up 三个功能键。

键盘作为曾经不可取代的文字输入设备，在现在也占据着重要的地位。Windows 10 普遍使用 104 键的通用扩展键盘，如图 12-2 所示。

图 12-2　键盘

1. 键盘分类

键盘一般根据开关设计分为以下类型：

① 机械式键盘。每一个按键都有一个独立的机械触点开关，利用柱形弹簧提供按键的回弹力，用金属接触触点来控制按键的触发。

② 薄膜式键盘。键盘中有一整张双层胶膜，通过胶膜提供按键的回弹力，利用薄膜被按下时按键处碳心与线路的接触来控制按键触发。这种键盘的成本十分低，市面上绝大部分键盘都是薄膜式键盘。

③ 导电橡胶式键盘。无接点静电容量式。

2. 键盘键位

键盘上键位的排列有一定的规律。其键位按用途可分为：主键盘区、功能键区、编辑键区和小键盘区。以 104 键键盘为例，键盘的组成部分及各部分的功能如图 12-3 所示。

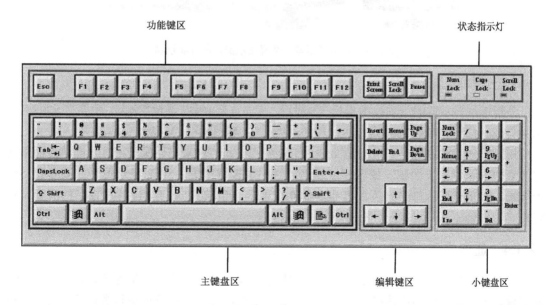

图 12-3　键盘键位

12.1.3 显示器

显示器是一种输出设备，用于显示视频及色彩，常见的显示器是计算机和电视的荧幕。

1．显示器的作用

显示器是计算机的重要输出设备之一，其作用主要有下面两项：

① 在输入时显示从键盘输入的命令或数据。

② 在程序运行时将机内的数据转换成比较直观的字符、图形或图像输出，以便及时观察程序执行过程中的必要信息和结果。

2．显示器的外观

显示器的屏幕尺寸依屏幕对角线计算，通常以英寸（inch）作为单位，目前一般主流尺寸有 17"、19"、21"、22"、24"、27"等。

常用的显示器有标屏（窄屏）、宽屏、曲屏。标屏长宽比为 4∶3（还有少量比例为 5∶4），宽屏长宽比为 16∶10 或 16∶9。在对角线长度一定的情况下，长宽比值越接近 1，实际面积则越大。宽屏比较匹配人眼视野区域形状。

曲屏显示器除了在视觉上比普通显示器稍为舒服点以外，其他都相同，因为人的视野是球状的，也就是同一距离的平面物体焦点并不完全相同，为了校正误差，曲屏显示器应运而生，它将原来同一距离的平面图像形成一个曲面，因此观看时也显得自然。

常见显示器的外观，如图 12-4 所示。

图 12-4　标屏显示器、宽屏显示器、曲屏显示器

3．分辨率

分辨率是显示器的一项技术指标，一般用"横向点数×纵向点数"表示，主要有 800×600、1024×768、1280×1024、1600×1280、1920×1080、2048×1536、3840×2160 等。

相对于分辨率的另一个指标是 dpi（点每英寸），dpi 用来描述像素密度，即单位面积内的像素数量除以单位面积。像素密度越高，说明像素越密集，5dpi 表示每平方英寸有 5×5 个像素，500dpi 表示每平方英寸有 500×500 个像素，dpi 的数值高，图片和视频的清晰度就更高。

12.1.4 显卡

显卡（Video card，Graphics card）全称是显示接口卡，又称显示适配器，是计算机最基本配置之一。显卡作为计算机主机里的一个重要组成部分，是计算机进行数模信号转换的设备，承担输出显示图形的任务。显卡接在计算机主板上，它将计算机的数字信号转换成模拟信号让显示器显示出来，同时显卡还有图像处理能力，可协助 CPU 工作，提高整体的运行速度。对于从事专业图形设计的人来说显卡非常重要。

1. 集成显卡

集成显卡是将显示芯片、显存及其相关电路都集成在主板上，与其融为一体的元件；集成显卡的显示芯片有单独的，但大部分都集成在主板的北桥芯片中；一些主板集成的显卡也在主板上单独安装了显存，但其容量较小，集成显卡的显示效果与处理性能相对较弱，不能对显卡进行硬件升级，但可以通过 CMOS 调节频率或刷入新 BIOS 文件实现软件升级来挖掘显示芯片的潜能。

集成显卡的优点是功耗低、发热量小，部分集成显卡的性能已经可以媲美入门级的独立显卡，所以不用花费额外的资金购买独立显卡。

集成显卡的缺点是性能相对略低，且固化在主板或 CPU 上，本身无法更换，如果必须换，就只能换主板。

2. 独立显卡

独立显卡是指将显示芯片、显存及其相关电路单独做在一块电路板上，作为一块独立的板卡存在，它须占用主板的扩展插槽（ISA、PCI、AGP 或 PCI-E）。显卡外形如图 12-5 所示。

独立显卡的优点是单独安装有显存，一般不占用系统内存，在技术上也较集成显卡先进，但性能肯定不差于集成显卡，容易进行显卡的硬件升级。

独立显卡的缺点是系统功耗有所加大，发热量较大，需额外花费购买显卡的资金，同时（特别是对笔记本电脑）占用更多空间。

图 12-5　显卡

12.1.5　声卡

声卡（Sound Card）又称音频卡，是多媒体技术中最基本的组成部分，是实现声波/数字信号相互转换的一种硬件。

1. 声卡的基本功能

声卡的基本功能是把来自话筒、磁带、光盘的原始声音信号加以转换，输出到耳机、扬声器、扩音机、录音机等声响设备，或通过音乐设备数字接口（MIDI）使乐器发出美妙的声音。

2. 声卡的类型

声卡发展至今，主要分为板卡式、集成式和外置式三种接口类型，以适用于不同用户的需求，三种类型的产品各有优缺点。

① 板卡式

板卡式产品是现今市场上的中坚力量，产品涵盖低、中、高各档次，售价从几十元至上千元不等。早期的板卡式产品多为 ISA 接口，由于此接口总线带宽较低、功能单一、占用系统资源过多，它们拥有更好的性能及兼容性，支持即插即用，安装使用都很方便。

图 12-6 声卡

早期某声卡如图 12-6 所示。

② 集成式

声卡只会影响到计算机的音质，对 PC 用户较敏感的系统性能并没有什么关系。因此，大多用户对声卡的要求都满足于能用就行，更愿将资金投入到能增强系统性能的部分。虽然板卡式产品的兼容性、易用性及性能都能满足市场需求，但为了追求更为廉价与简便，集成式声卡出现了。

此类产品集成在主板上，具有不占用 PCI 接口、成本更为低廉、兼容性更好等优势，能够满足普通用户的绝大多数音频需求，受到市场青睐。而且集成声卡的技术也在不断进步，PCI 声卡具有的多声道、低 CPU 占用率等优势也相继出现在集成声卡上，它也由此占据了主导地位。

③ 外置式

它通过 USB 接口与 PC 连接，具有使用方便、便于移动等优势。但这类产品主要应用于特殊环境，如连接笔记本电脑实现更好的音质等。

12.1.6 中央处理器 CPU

中央处理器（Central Processing Unit，CPU）是一块超大规模的集成电路，是一台计算机的运算核心和控制核心。它的功能主要是解释计算机指令及处理计算机软件中的数据。

中央处理器由控制器和运算器构成。控制器是计算机的指挥控制中心，负责对程序所规定的指令进行分析，并协调计算机各个部件的工作；运算器负责对数据进行各种运算。

CPU 外形如图 12-7 所示。

12.1.7 主板

主板是计算机系统中最重要的部件。主板也称为主机板、系统板、母板。它是一块多层印刷电路板，是构成复杂电子系统（例如电子计算机）的中心或者主电路板。

图 12-7 CPU

主板上有控制芯片组、CPU 插座、BIOS 芯片、内存条插槽、PCI 局部总线扩展槽、AGP 显示卡接口插槽、键盘和鼠标接口以及一些外围接口和控制开关等，可供处理器、显卡、声卡、硬盘驱动器、内存、对外设备等设备接合。

主板上最重要的构成组件是芯片组，这些芯片组为主板提供一个通用平台，供不同设备连接，控制不同设备的沟通。芯片组亦为主板提供额外功能，例如集成显卡、集成声卡。一些高价主板也集成红外通信技术、蓝牙和 802.11（WiFi）等功能。

主板造型多种多样，但都大同小异，外形如图 12-8 所示。

12.1.8 内存储器

内存储器简称内存，是与 CPU 直接交换数据的内部存储器，是计算机的记忆中心，用来存放当前计算机运行所需要的程序和数据。

内存储器是计算机中重要的部件之一，它是与 CPU 进行沟通的桥梁。计算机中所有程序的运行都是在内存储器中进行的，因此内存储器的性能对计算机的影响非常大。只要计算机在运行中，CPU 就会把需要运算的数据调到内存中进行运算，当运算完成后 CPU 再将结果传送出来，内存的运行也决定了计算机的稳定运行。

图 12-8　主板

内存外形一般为条形，因此内存硬件常被称为内存条，如图 12-9 所示。

图 12-9　内存

内存一般为随机存取存储器（RAM），可以随时读写，而且速度很快，通常作为操作系统或其他正在运行中的程序的临时数据存储媒介。用户既可以对 RAM 进行读操作，也可以对它进行写操作，RAM 中的信息在断电后会消失。通常所说的内存大小就是指 RAM 的大小，一般以 GB（吉字节）为单位。

12.1.9　硬盘

1. 传统硬盘

硬盘（Hard Disk Drive，HDD），是计算机中广泛使用的外部存储设备。硬盘由 IBM 在 1956 年开始使用，在 19 世纪 60 年代初成为通用式计算机中主要的辅助存储设备。随着技术的进步，硬盘也成为服务器及个人计算机的主要组件。硬盘的存储介质材料是一种由铝合金材料制成的圆盘，盘的两面都涂有磁性物质。将多个盘片固定在一根轴上，盘片可以随轴转动。传统硬盘如图 12-10 所示。

图 12-10　硬盘

硬盘的主要参数有接口、尺寸、容量、转速、缓存、平均寻道时间、内部传输速度。

① 接口有 3.5 寸的台式机硬盘和 2.5 寸的笔记本电脑用硬盘。

② 容量指的是硬盘所能提供的存储空间大小，目前硬盘的容量有 36GB、40GB、45GB、60GB、75GB、80GB、120GB、150GB、160GB、200GB、250GB、300GB、320GB、400GB、500GB、640GB、750GB、1TB、1.5TB、2TB、2.5TB、3TB、4TB、5TB、6TB、8TB 等多种规格。

③ 转速指硬盘每分钟旋转的圈数，单位是 rpm（每分钟的转动数），有 4 200rpm、5 400rpm、5 900rpm、7 200rpm、10 000rpm、15 000rpm、18 000rpm 等几种规格。转速越高通常数据传输速率越好，但同时噪声、耗电量和发热量也较高。

④ 缓存主要有 2MB、8MB、16MB、32MB、64MB 等规格。

⑤ 平均寻道时间单位是 ms（毫秒），有 5.2ms、8.5ms、8.9ms、12ms 等规格。

⑥ 内部传输速度包括磁头把数据从盘片读入缓存的速度，以及磁头把数据从缓存写入盘片的速度，可用来评价硬盘的读写速度和整体性能。

2. 固态硬盘

固态硬盘（Solid State Disk，Solid State Drive，SSD）是一种以内存作为永久性存储器的计算机存储设备。虽然 SSD 已不是使用"硬盘"来记存数据，而是使用 NAND Flash 来记存数据，但是人们依照命名习惯，仍然称之为固态硬盘或固态驱动器。SSD 外形如图 12-11 所示。

图 12-11　固态硬盘

和传统硬盘相比，固态硬盘具有低功耗、无噪声、抗震动、低热量的特点。这些特点不仅使数据能更加安全地得到保存，而且也延长靠电池供电的设备的连续运转时间。固态硬盘的表现与传统硬盘互有胜负，一般在容量、速度、价钱、性价比等方面做出比较。最初的固态硬盘容量少、价钱高，性价比远不及传统的机械性硬盘。但随着固态硬盘的不断发展，固态硬盘的容量已有实用性，价钱明显下滑，已为传统硬盘市场制造危机。

固态硬盘的缺点有高成本、写入次数的限制、读取干扰、损坏时的不可挽救性及掉速。固态硬盘数据损坏后是难以修复的。损坏时的不可挽救性指的是当负责存储数据的闪存颗粒有毁损时，现在的数据修复技术不可能在损坏的芯片中救回数据，相反，传统机械硬盘或许还能通过一些数据恢复技术挽回一些数据。SSD 的另一个问题是掉速，SSD 的速度会随着写入次数的增加而降低，若 SSD 接近装满时速度也会下降，原因包括耗损平均技术的副作用、控制芯片及固件的优劣等。

12.1.10　机箱和电源

1. 机箱

机箱是计算机大部分部件的载体，有分立式和卧式两种。上述所有系统装置的部件均安装在主机箱内部。机箱的面板上一般配有各种工作状态指示灯和控制开关；光盘驱动器总是安装在机箱前面以便放置或取出光盘；机箱后面预留有电源插口、键盘、鼠标插口以及连接显示器、打印机、USB 等插口。常见机箱的外观如图 12-12 所示。

2. 电源

电源是安装在一个金属壳体内的独立部件，它的作用是为系统装置的各种部件提供工作所需的电源。计算机属于弱电产品，也就是说部件的工作电压比较低，一般在 ±12V 以内，并且是直流电。而普通的市电为 220V（有些国家为 110V）交流电，不能直接在计算机部件上使用。因此计算机和很多家电一样需要一个电源部分，负责将普通市电转换为计算机可以使用的电压，一般安装在计算机内部。

计算机的核心部件工作电压非常低，并且由于计算机工作频率非常高，因此对电源的要求比较高。常见电源的外观，如图 12-13 所示。

图 12-12　机箱

图 12-13　电源

12.2　管理计算机硬件

计算机是由许多硬件组成的，管理好相应的硬件，可以提高计算机的运行能力。Windows 10 会自动检测硬件的驱动程序和使用状况，让计算机在你的掌控之中。

12.2.1　使用 DirectX 诊断工具查看硬件设备信息

Windows 10 中提供了一些工具可以查看简单的硬件设备信息。用户也可以下载第三方软件查看详细的硬件信息。

通过 Windows 自带软件可以查看硬件设备的信息，方法为：

① 单击任务栏的"小娜"按钮或者 Win+S 组合键，在弹出的搜索菜单中输入 dxdiag，按下回车键，将进入 DirectX 诊断工具，如图 12-14 所示。

② 在"DirectX 诊断工具"对话框的"系统"选项卡中，可以看到如 CPU、内存等一些信息。

③ 单击其他的选项卡可以查看一些其他信息，如图 12-15 所示。

图 12-14　DirectX 诊断工具

图 12-15　查看显卡信息

12.2.2　安装硬件设备

将硬件设备连接到计算机后，一般还需要安装驱动程序才能正常使用。

1. 设备安装设置

Windows 10 可以自动联网搜索并安装连接到计算机上设备的驱动程序。如果想要确保该功能已经打开或者关闭该功能，需要进入"系统属性"。方法为：

① 右键单击"开始"菜单按钮，选择"系统"选项。

② 在"系统"窗口中，单击左侧的"高级系统设置"，如图 12-16 所示。

图 12-16 打开"系统属性"

③ 在打开的"系统属性"窗口中，选择"硬件"选项卡，单击"设备安装设置"按钮，如图 12-17 所示。

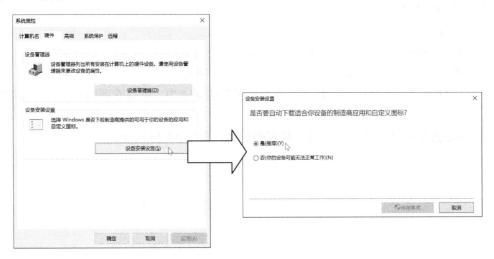

图 12-17 设备安装设置

④ 在弹出的"设备安装设置"对话框中，确认或修改是否开启自动下载功能，选中"是"后，单击"保存更改"按钮可以启动自动下载功能。

2. 安装硬件设备

对于大多数常用硬件设备，Windows 10 能够自动搜索网络并安装其驱动程序。但在没有联网或自动安装失败的情况下，就需要用户手动安装驱动程序了。

一般情况下，用户在购买一个硬件设备时，会同时附有一张包含了驱动程序的光盘。将光盘放入光驱后，双击打开即可开始安装。也可以搜索所购买设备的官方网站，在官方网站一般也会提供设备驱动程序的下载。

12.2.3 利用设备管理器管理硬件设备

设备管理器是管理计算机设备的工具程序，使用设备管理器可以查看和更改设备属性、安装和更新设备驱动程序，修改设备的配置，以及卸载设备。设备管理器提供计算机上所安装硬件的图形视图。

设备管理器只能管理"本地计算机"上的设备。在"远程计算机"上，设备管理器仅以只读模式工作，此时允许查看其他计算机的硬件配置，但不允许更改该配置。

一般来说，不需要使用设备管理器更改资源设置，因为在硬件安装过程中系统会自动分配资源。

1. 打开设备管理器

在 Windows 10 中，设备管理器是一个内置于操作系统的控制台组件。它允许用户查看和设置连接到计算机的硬件设备（包括键盘、鼠标、显卡、显示器等），并将它们排列成一个列表。该列表可以依照各种方式排列（如名称、类别等）。当任何一个设备无法使用时，设备管理器中就会显示提示给用户查看。

右键单击"开始"菜单按钮，选择"设备管理器"选项，会打开"设备管理器"，如图 12-18 所示。

图 12-18 打开"设备管理器"

2. 查看硬件的属性

设备管理器将安装的硬件分类排列成一个列表，点击分类前方的箭头，可以展开该分类并显示其中所有硬件。双击某一条目，或者右击后选择"属性"按钮，可以查看设备的属性。如图 12-19 所示。

提示：设备管理器会用一些图标表示该设备的状态；白底黑色箭头表示已停用；黄色问号表示设备不能识别；感叹号表示未安装驱动程序或驱动程序安装不正确。

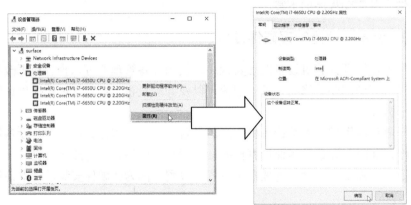

图 12-19　查看硬件的属性

3. 启用/禁用设备

右键单击某一条目后，选择"禁用"可以禁用该设备。被禁用的设备将不能够使用，并且图标上会有一个标记表示已禁用。

右键单击禁用的设备，选择启用，即可启用该设备，如图 12-20 所示。

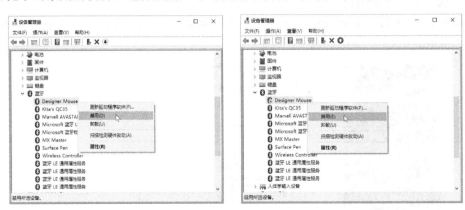

图 12-20　禁用和启用设备

提示：一些关键设备无法被禁用。

4. 显示隐藏的设备

默认情况下，一些设备是被隐藏起来不显示的，想要显示这些设备，单击"查看"菜单中的"显示隐藏的设备"项，如图 12-21 所示。

12.2.4　在设备管理器中更新/卸载驱动程序

驱动程序（Device Driver）全称为设备驱动程序，是一种可以使计算机和设备通信的特殊程序，可以说相当于硬件的接口，操作系统只能通过这个接口，才能控制硬件设备的工作。假如某设备的驱动程序未能正确安装，便不能正常工作。

正因为这个原因，驱动程序在系统中所占的地位十分重要，一般当操作系统安装完毕后，首要的便是安装硬件设备的驱动程序。不过，大多数情况下，我们并不需要安装所有硬件设备的驱动程序，例如硬盘、显示器、光驱等就不需要安装驱动程序，而显卡、声卡、扫描仪、摄像头、MODEM 等就需要安装驱动程序。另外，不同版本的操作系统对硬件设备的支持也是不同的，一般情况下版本越高所支持的硬件设备也越多。

图 12-21　显示隐藏的设备

1．更新驱动程序

驱动程序的更新一般由系统自动完成，当想要让 Windows 立刻检查更新，或者想要安装指定的驱动程序时，就需要利用设备管理器。

① 双击想要更新驱动的设备，进入"属性"页面。

② 在"驱动程序"选项卡中，单击"更新驱动程序"按钮，如图 12-22 所示。

③ 接下来将弹出窗口，用户可以选择自动联网搜索更新，或者是手动选择计算机中的驱动程序文件。

当选择自动搜索更新时，Windows 会联网查找更新，如果有更新的话会自动下载安装，如图 12-23 所示。

图 12-22　"驱动程序"选项卡

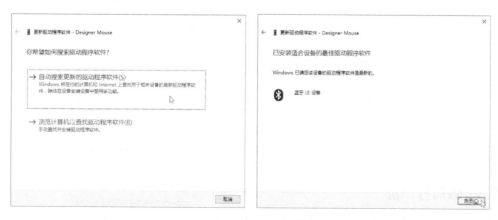

图 12-23　自动更新驱动程序

如果选择"浏览计算机以查找驱动程序"，则不需要连接到网络。用户需要手动将驱动程序存放在本地存储后，单击"浏览"按钮，选择驱动程序所在的位置，如图 12-24 所示，之后单击"下一步"按钮即可。

图 12-24　手动选择驱动程序文件

2. 卸载驱动程序

如果想要卸载某个设备的驱动程序，可以双击该设备后，转入"驱动程序"标签页，之后单击"卸载"按钮，如图 12-25 所示。或者直接右键单击该设备后选择"卸载"选项。

卸载驱动程序后的设备将不可用，用户可以手动安装驱动程序，或者在重新启动 Windows 后自动检测未安装驱动程序的设备时进行安装。

另外，用户也可以单击设备管理器菜单栏的"操作"，选择"扫描检测硬件改动"选项，让 Windows 立刻检测是否有新的硬件，如图 12-26 所示。

图 12-25　卸载驱动程序

图 12-26　立刻检测硬件改动

12.2.5　添加打印机

添加打印机就是安装打印机驱动程序后，使 Windows 10 识别该打印机并能打印，将该打印机添加到 Windows 10 系统中。现在新出的打印机多数是 USB 接口的，首先把打印机的 USB 线连接到计算机的 USB 上，打开打印机电源开关启动打印机。随打印机销售的驱动程序安装盘或者下载的驱动程序，一般都是可执行文件，运行 Setup.exe 就可以按照其安装向导提示一步一步完成。下面以安装 HP LaserJet 1020 为例介绍。

① 如果当前 Windows 10 是 64 位系统，最好安装 64 位的驱动程序，在驱动程序安装文

件夹中，打开 x64 文件夹，如图 12-27 所示，双击 Setup.exe。

图 12-27　双击 Setup.exe

② 运行打印机驱动程序，显示安装向导的第一步"许可协议"对话框，如图 12-28 所示，勾选"我接受许可协议的条款"，然后单击"下一步"按钮，将显示安装进度。

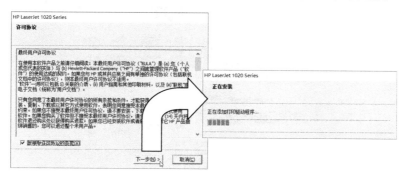

图 12-28　"许可协议"对话框

③ 安装完成后，显示安装完成对话框，如图 12-29 所示，单击"完成"按钮。

图 12-29　"完成"对话框

④ 在"设置"中打开"设备"下的"打印机和扫描仪"，从右侧窗格中可以看到已经添加的打印机型号，单击该打印机名称，如图 12-30 所示，将其"设置为默认设备"，启动默认打印机开关。

图 12-30　"设置"中的"添加打印机和扫描仪"

⑤ 在相关设置下单击"设备和打印机"，可以看到被 Windows 10 识别的设备，如图 12-31 所示。

图 12-31　设备和打印机窗口

12.2.6　调整硬盘分区大小

对于新计算机和硬盘，通常都只有一个硬盘分区，为了管理文件方便就要对硬盘进行分区。有时已有的硬盘分区容量大小不合适，就需要对硬盘分区进行调整。

Windows 10 自带的分区工具可以在保留已有硬盘文件的前提下，实现对硬盘的重新分区和调整分区。硬盘可以是普通的机械硬盘，也可以是 SSD 固态硬盘。

1. 压缩卷

① 在"文件资源管理器"或"桌面"中，右击"此电脑"，在打开的快捷菜单中单击"管理"（用户必须要有管理员权限）。或者在"控制面板"的小图标视图中，单击"管理工具"，显示"管理工具"窗口，然后在右侧窗格中双击"计算机管理"。

② 在弹出的"计算机管理"窗口中，在左侧窗格中的"存储"下，单击"磁盘管理"，右侧窗格显示磁盘管理视图，如图 12-32 所示。

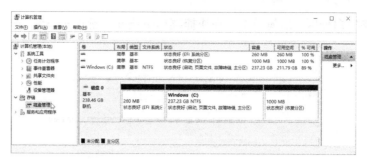

图 12-32　磁盘管理视图

可以看到当前磁盘的分区情况，已经安装了 Windows 10，所以有一个 EFI 系统分区（260MB）和一个主分区（C：盘，237GB）；由于是原装笔记本电脑，有一个恢复分区（1000MB）。虽然使用"磁盘管理"分区会保留硬盘上的文件。但是，为了防止断电、死机等情况，在分区前应把重要文件备份到移动硬盘上，然后把移动硬盘弹出。下面把主分区分成三个分区（C：、D：、E：）。

③ 右键单击需要分区的盘符 C：在快捷菜单中单击"压缩卷"，如图 12-33 所示。

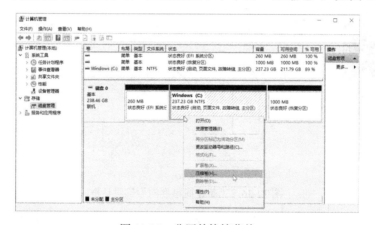

图 12-33　分区的快捷菜单

④ 系统会自动查询压缩空间，然后显示"压缩 C："对话框，如图 12-34 所示，显示可用压缩空间大小，这是可分区出来的最大空间。如果希望 C：盘空间大一些，可以减少该数值，一般不用修改，直接单击"压缩"按钮。

图 12-34　"压缩 C："对话框

⑤ 稍等后，如图 12-35 所示，出现一个"未分配"的可用的空间，这就是压缩出来的空

间。然后选中该空白分区，右键单击，在快捷菜单中选择"新建简单卷"。

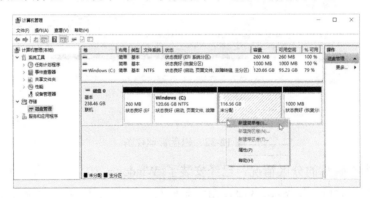

图 12-35　显示空白分区

⑥ 接着会弹出"新建简单卷向导"对话框，如图 12-36 所示，直接单击"下一步"按钮。

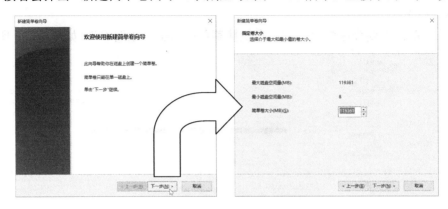

图 12-36　"新建简单卷向导"对话框

⑦ 在"指定卷大小"对话框中，可以输入自己想要的大小（单位为 MB），例如，把分出来的未分配空间平均分配给 D:、E: 盘，修改数值，如图 12-37 所示，然后单击"下一步"按钮。

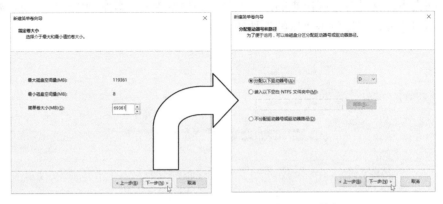

图 12-37　"指定卷大小"对话框修改后的数值

⑧ 在"分配驱动器号和路径"对话框中，为新建的简单卷选择盘符。如果盘符正确，直接单击"下一步"按钮。

⑨ 在"格式化分区"对话框中，如图 12-38 所示，为新建的简单卷选择磁盘的格式，一般不用修改，直接单击"下一步"按钮。

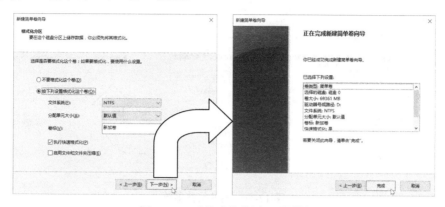

图 12-38　"格式化分区"对话框

⑩ 显示"正在完成新建简单卷向导"对话框，稍等片刻，最后单击"完成"按钮。

⑪ 磁盘管理视图中显示创建好的 D：盘分区，如图 12-39 所示。

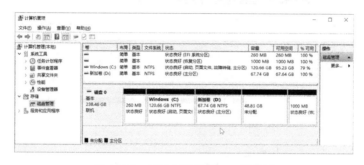

图 12-39　显示创建好的 D：盘分区

⑫ 重复⑤～⑩的操作步骤，把"48.83GB 未分配"空间，添加到卷 E：分区。E：盘分区创建好后，显示如图 12-40 所示。可以看到，C：盘容量已经缩小，创建了 D：、E：盘。

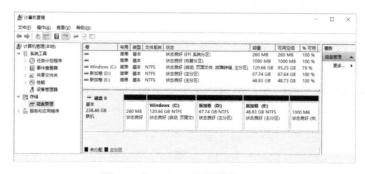

图 12-40　显示创建完成后的分区

2．删除卷

删除卷后，可以合并到其他卷，或者新建卷。

① 右键单击要删除的卷，从快捷菜单中单击"删除卷"，如图 12-41 所示。

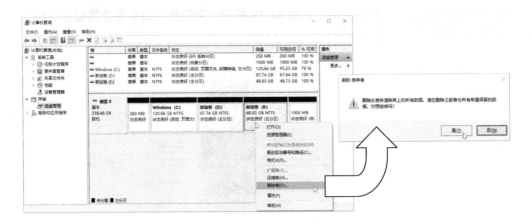

图 12-41　卷的快捷菜单

② 显示"删除 简单卷"提示框，单击"是"按钮。

③ 该卷删除后，该空间显示为"未分配"，如图 12-42 所示。如果要删除 D：卷，请重复①～②的操作。也可以把未分配的卷合并到 D：盘。

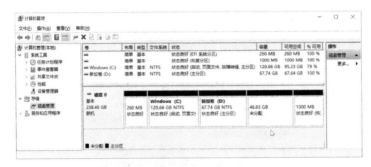

图 12-42　删除卷后的显示

④假设也删除了 D：卷，"未分配"空间显示如图 12-43 所示。如果要建立一个 D：盘，则可以按前面介绍的方法新建一个卷。

3. 扩展卷

下面把未分配空间合并到 C：盘，即扩展 C：盘卷。

① 右键单击要扩展空间的卷，从快捷菜单中单击"扩展卷"，如图 12-43 所示。

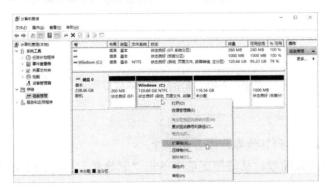

图 12-43　扩展卷

238

② 在弹出的"扩展卷向导"对话框中，如图 12-44 所示，单击"下一步"按钮。

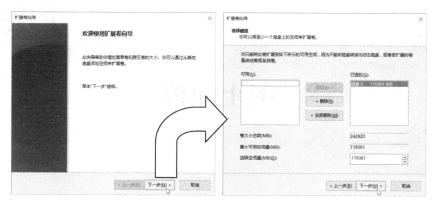

图 12-44 "扩展卷向导"对话框

③ 在"选择磁盘"对话框中，输入"选择空间量"，框中显示最大可用空间量，即未分配空间的容量。如果需要扩展所有未分配空间，则不用修改；否则，输入需要扩展的容量。单击"下一步"按钮。

④ 在"完成扩展卷向导"对话框中，单击"完成"按钮。扩展卷后，显示如图 12-45 所示信息。

239

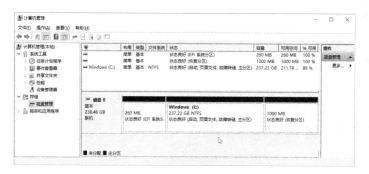

图 12-45 扩展卷后的显示

习 题 12

1. 列举你知道的计算机设备中哪些是输入设备？
2. 内存和硬盘的区别是什么？
3. 查看计算机的硬件信息
4. 进入设备管理器，显示隐藏的设备。
5. 禁用键盘的驱动程序，并尝试键盘是否可用。
6. 重新启用键盘。
7. 安装打印机驱动程序。

第 13 章

网上冲浪

我们经常需要在 Internet 互联网上获取各种信息，进行工作、娱乐，常被称为"网上冲浪"。网上冲浪的主要工具是浏览器，在浏览器的地址栏上输入 URL 地址，在 Web 页面上可以移动鼠标到不同的地方进行浏览。

Microsoft Edge 是 Windows 10 操作系统的默认浏览器。之所以命名为 Edge，官方给出的解释为 Refers to being on the edge of consuming and creating（指的是在消费的和创造的前沿），表示新的浏览器既贴合消费者又具备创造性。本章主要介绍接入互联网的设置方法，Microsoft Edge 浏览器的使用。

13.1 接入互联网

现在常用的接入互联网的方式有无线网（WLAN）、局域网（LAN）、电话线连接等。

13.1.1 连接无线网络

1. 首次连接无线网

接入无线网络的设置很简单，方法如下：

① 在 Windows 任务栏右端的通知区中，单击连接网络图标。打开无线网络列表，如图 13-1 所示，单击要连接 WiFi 网络名称（例如，图中的 kita-2），单击"连接"按钮。

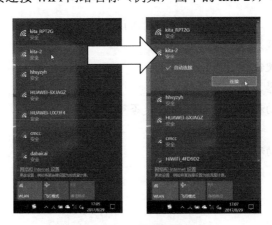

图 13-1　无线网络列表

② 在"输入网络安全密钥"文本框中输入密码,单击"下一步"按钮。稍等,将连接到网络。

连接后,任务栏右端的通知区中显示已经连通的无线网络图标,单击该图标,可看到"已连接,安全"提示。

2. 默认无线网络的断开或连接

（1）暂时断开 WLAN

在 Windows 任务栏右端的通知区中,单击无线网络图标 📶 或网络图标 🖥,展开无线网络列表,如图 13-2 所示;或者单击通知中心图标 🗐,展开通知中心,如图 13-3 所示。单击点亮的 WLAN 图标,使之熄灭,变为灰色。

图 13-2　无线网络列表中的 WLAN 图标

图 13-3　通知中心的 WLAN 图标

（2）再次接入 WLAN

单击 WLAN 未连接图标 📶,展开无线网络连接选单;或者单击通知中心图标 🗐,展开通知中心。单击 WLAN 名,使之点亮,则接入默认的无线网络。

提示:使用飞行模式,可以快速关闭计算机上的所有无线通信,包括 WLAN、网络、蓝牙、GPS 和近场通信（NFC）。若要启用飞行模式,选择任务栏上的"网络"图标,然后选择"飞行模式"。

3. 设置无线网络连接

在无线网络列表中,单击"网络和 Internet 设置",将显示"设置"-"网络和 Internet"窗口,单击"WLAN"选项卡,如图 13-4 所示。在"WLAN"区域下,包括无线网络的开关、搜索到的无线网名称、硬件属性和管理已知网络等。

图 13-4　"网络和 Internet"窗口的"WLAN"选项卡

13.1.2　接入局域网

许多学校、企业等单位均采用局域网方式接入互联网。如果是学校、企业等单位的局域网，一般不需要设置，插入双绞线的 RJ45 口就可接入局域网。

有些局域网需要手工设置 IP 地址、子网掩码、网关、DNS 等项目。例如，一台笔记本电脑网卡驱动程序已经安装完成，RJ45 口已经插好并连入局域网。分配的配置内容如下。

IP 地址：192.168.12.7

子网掩码：255.255.255.0

默认网关：192.168.12.1

首选 DNS 服务器：202.96.64.68

备用 DNS 服务器：202.96.69.38

设置方法为：

① 在桌面任务栏右端的通知区域，单击"网络"图标▇或▆，打开无线网络列表，单击"网络和 Internet 设置"项。

② 在"网络和 Internet"窗口中，在左侧窗格中单击"以太网"，右侧窗格显示以太网选项，如图 13-5 所示。如果显示"未连接"，则需要设置网络。在"相关设置"下，单击"更改适配器选项"。

图 13-5　"网络和 Internet"窗口的"以太网"选项卡

③ 在弹出的"网络连接"窗口中，可以看到当前计算机与网络的连接情况，包括以太网卡、无线网卡的连接信息，如图 13-6 所示。用鼠标右键单击"本地连接"，在快捷菜单中单击"属性"。或者，选中"本地连接"，然后单击工具栏上的"更改此连接的设置"按钮。

图 13-6 "网络连接"窗口

④ 在打开的"本地连接 属性"对话框中，如图 13-7 所示。在"此连接使用下列项目"中，选中"Internet 协议版本 4（TCP/IPv4）"，再单击"属性"按钮。

⑤ 在打开的"Internet 协议版本 4（TCP/IPv4）属性"对话框中，包括 IP 地址、子网掩码、默认网关、DNS 服务器等项目，这些项目中的具体数字和选项，由网络用户的服务商或网络中心的网络管理人员提供，如图 13-8 所示。

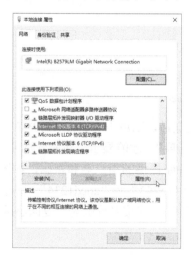

图 13-7 "本地连接 属性"对话框

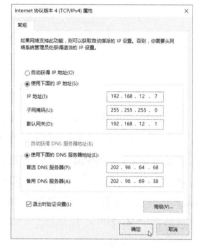

图 13-8 "Internet 协议版本 4（TCP/IPv4）属性"对话框

⑥ 依次单击"确定"按钮关闭对话框。返回到"网络连接"窗口，在窗口中可以看到网络已经连接到 Internet，完成网络设置。

提示：现在许多单位或家中的路由器会自动分配 IP 地址，所以不用填写 IP 地址等，默认使用"自动获得 IP 地址"。也就是说，插入网线就可以用，无须进行本节的设置。

13.1.3 拨号接入

使用小区宽带（双绞线）或者电话线接入互联网，需要使用拨号接入。方法为：

① 打开"网络和 Internet"窗口，单击"拨号"选项卡，在右侧拨号窗格中单击"设置

新连接", 如图 13-9 所示。

图 13-9　设置拨号连接

② 在弹出的"设置连接或网络"向导中, 如图 13-10 所示, 设置宽带或拨号连接要选中"连接到 Internet", 然后单击"下一步"。如果已经用 WLAN 连接到 Wi-Fi, 需要先断开连接; 否则要选择创建新连接。

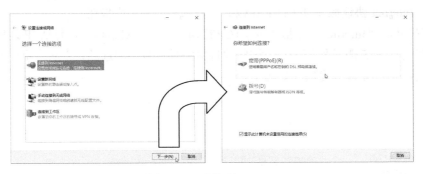

图 13-10　连接到 Internet

④ 在弹出的"你希望如何连接"向导中, 如果是宽带, 则单击"宽带（PPPoE）"; 如果是拨号, 要先勾选"显示此计算机未设置使用的连接选项", 才能显示"拨号"选项。

⑤ 单击"宽带（PPPoE）"后, 显示需要输入服务商提供的用户名和密码, 如图 13-11 所示。例如, 小区宽带提供的用户名和密码分别是"xy115203"和"abcd1234", 则输入该用户名和密码, 同时勾选"显示字符"和"记住此密码"项, 连接名称改为"夏园小区宽带连接"。然后单击"连接"按钮继续。

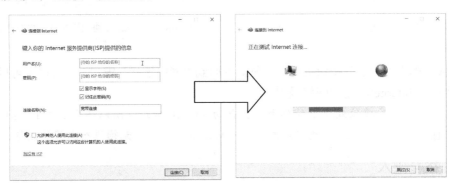

图 13-11　输入互联网服务商提供的信息

⑥ 在弹出的"正在测试 Internet 连接"向导中, 如果出现用户名、密码错误及其他问题,

244

将显示错误提示。

如果连接正常，则显示"你已经连接到 Internet"向导，如图 13-12 所示，单击"立即浏览 Internet"将打开浏览器，或者单击"关闭"按钮完成设置。

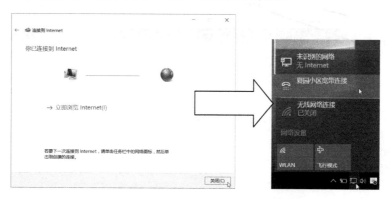

图 13-12　连接到 Internet

⑦ 在桌面任务栏右端的通知区域，单击"网络"图标▇，打开网络列表，单击"夏园小区宽带连接"。

⑧ 在"网络和 Internet"窗口中，单击右侧的"夏园小区宽带连接"，单击"高级选项"，在打开的窗口中修改用户名、密码等连接属性。

13.2　Microsoft Edge 浏览器

浏览网页需要使用浏览器，浏览器是安装在用户端计算机上，用于浏览 WWW 中网页（Web）文件的应用程序。

2015 年 4 月，微软正式发布 Microsoft Edge 浏览器，用于替代使用了 20 年的 IE 浏览器。Microsoft Edge 是 Windows 10 操作系统的默认浏览器，但同时 IE11 浏览器也被保留，以便兼容旧版网页。

13.2.1　Microsoft Edge 浏览器窗口

Microsoft Edge 让用户以全新的方式在 Web 上查找资料、阅读和写作，并在需要时获取来自 Cortana 的帮助。

1．Edge 窗口组成

在任务栏上单击 Microsoft Edge 的图标，可以打开 Microsoft Edge 浏览器。显示 Microsoft Edge 浏览器窗口，如图 13-13 所示。Microsoft Edge 浏览器窗口的组成如下。

① 当前标签页：当前网页的名称和"关闭当前标签页"按钮。

② 当前页地址栏：输入或显示的当前标签页的 URL 地址。

③ 其他标签页：在标签页中打开的其他网页，单击该标签页的名称可使其成为当前页，单击其关闭按钮可关闭该标签页。

当前页　　其他标签页　　新建标签页

网页控制按钮

当前页地址栏

Edge 功能区

鼠标指针处
的链接地址

图 13-13　Microsoft Edge 浏览器窗口

④ 新建标签页：单击＋可以新建一个空白标签页。

⑤ 网页控制按钮：有"返回"←、"前进"→、"刷新"○或"停止加载此页"×按钮。

⑥ 鼠标指针处的链接地址：显示鼠标指针处的链接 URL 地址。

⑦ Edge 功能区：Microsoft Edge 浏览器的主要特色功能都在功能区中。

2．Edge 功能区

Microsoft Edge 浏览器的功能区，如图 13-14 所示。功能区中的功能按钮如下。

阅读视图　收藏　　中心 Web 笔记　共享 更多功能

图 13-14　Microsoft Edge 的功能区

① "阅读视图"按钮：当前网页按阅读视图显示；当本图标没有点亮时，则阅读视图不可用于此页。

② "收藏"按钮☆：把当前网页添加到收藏夹或阅读列表。

③ "中心"按钮≡：单击本按钮，可以查看收藏夹、阅读列表、历史记录和下载。

④ "做 Web 笔记"按钮：单击本按钮，可以做 Web 笔记。

⑤ "共享"按钮：单击本按钮，可以把网页共享到邮件、OneNote、消息等。

⑥ "更多"按钮…：单击本按钮，打开菜单，显示出更多的功能。

13.2.2　浏览网页

1．在地址栏输入网页地址

地址栏是输入和显示网页地址的地方。打开指定网页最简单的方法是：在"地址"栏中输入 URL 地址，输入完地址后，按 Enter 键。

246

（1）地址栏的记忆功能

在输入地址时，不必输入 http：//协议前缀，Edge 会自动补上。如果以前输入过某个地址，浏览器会记忆这个地址，再次输入该地址时，只需输入开始的几个字符，"自动完成"功能将检查保存过的地址，把其开始几个字符与用户输入的字符相匹配的地址列出来，自动打开"地址"栏下拉列表框，给出匹配地址的建议，如图 13-15 所示。用鼠标单击该地址，或按↓、↑键找到所需地址后按 Enter 键。

图 13-15　在地址栏输入地址

（2）地址栏的热门站点推荐功能

在地址栏非插入状态（地址栏中没有插入点光标）下，单击地址栏，将显示热门站点，如图 13-16 所示。用鼠标单击其中一个地址，相当于输入了该地址并按 Enter 键。

图 13-16　用鼠标单击地址栏

浏览器将在当前选项卡中，按照地址栏中的地址转到相应的网站或网页。因为浏览器从互联网上的 Web 服务器上下载网页需要时间，在正常的情况下稍等片刻就能显示出来。

2. 浏览网页

输入网址后，进入网站首先看到的一页称为首页或主页，通常由主页上的超链接引导用户跳转到其他位置。

超级链接可以是图片、三维图像或者彩色文字，超级链接文本通常带下划线。将鼠标箭头移到某一项可以查看它是否为链接。如果箭头改为手形🖑，表明这一项是超级链接。同时，窗口左下角将弹出该链接地址。

单击一个超链接可以从一个网页跳转到链接网页，地址栏中总是显示当前打开的地址。注意，有时单击链接后新网页在本选项卡中显示，有时新网页在新建的选项卡中显示。

也可以在新的窗口中显示新网页，方法是：在超链接上右击，在打开的快捷菜单中单击"在新窗口中打开"，如图 13-17 所示。

图 13-17　链接的快捷菜单

为了方便打开曾经浏览过的网页，可以通过网页控制按钮实现：

① 单击"返回"按钮←，返回到在此之前显示的页，通常是最近的那一页，可多次后退。

② 单击"前进"按钮→，则转到下一页。如果在此之前没有使用"返回"按钮←，则"前进"按钮显示为灰色→，不能使用。

③ 单击"停止加载此页"按钮×，在加载某网页时，将中止加载该页，取消打开这一页。

④ 单击"刷新"按钮↻，将重新连接和显示本页面的内容。

⑤ 如果页面中显示的文字比例大小不合适，单击"更多"按钮…，如图 13-18 所示，指向"缩放"，单击十、一选择合适的比例，使得查看网页中的文字、图片时舒适。

图 13-18　"更多"按钮菜单

3. 阅读视图

阅读视图是浏览器的一项创新。当要阅读文章时，为了减少干扰，在干净简洁的布局下阅读，请在地址栏中选择"阅读视图" 📖，如图 13-19 所示。

此时正在阅读的内容显示在前端居中位置，如图 13-20 所示。网页中与阅读主题无关的元素被屏蔽。如果"阅读视图"按钮是灰色📖，则阅读视图不可用于此页。只有以文本和图片为主的页面才能开启阅读视图。

提示：还可以更改阅读视图的样式和字体大小，方法是单击功能区中的"更多"按钮，然后单击"设置"。如果要恢复原来的方式显示网页，再次单击"阅读视图"按钮。

图 13-19　平时显示的网页

图 13-20　阅读视图下显示的网页

4．新建标签页

打开浏览器后，浏览器自动新建一个标签页，浏览器中可以显示多个网页。如果希望在新标签页中显示网页，单击标签右端的"新建标签页"按钮，显示"新建标签页"，如图 13-21 所示，然后在地址栏中输入地址，打开的网页将显示在这个标签页中。

图 13-21　新建标签页

如果要关闭某个标签页，单击该标签页右端的"关闭标签页"按钮×，如图 13-22 所示。

图 13-22　关闭标签页

5．关闭浏览器

可以像关闭其他窗口一样关闭浏览器。方法为：单击 Microsoft Edge 窗口的关闭按钮×，或者按 Alt+F4 组合键。

Microsoft Edge 是一个标签式的浏览器，在一个窗口中可以打开多个标签页。因此在关闭 Microsoft Edge 窗口时将显示对话框，请用户选择"要关闭所有标签页吗？"，如果勾选"总是关闭所有标签页"复选框，将不再显示本提示。

13.2.3 收藏网页

当用户在网上发现了自己喜欢的内容，并想下次快速访问该网页时，可以将其添加到"收藏夹"或"阅读列表"中。

1．把网页地址添加到收藏夹中

把当前网页保存到收藏夹中的操作如下。

① 打开要收藏的网页。

② 单击"收藏"按钮☆，将显示"收藏夹"列表，如图 13-23 所示。

图 13-23　收藏夹列表

③ 在"名称"中，默认显示保存到收藏列表中的网页的名称，用户也可以更改。

④ 在"保存位置"中，默认保存到收藏夹的根位置。也可以通过下拉列表选择把网页添加到收藏夹中的位置。

如果单击"创建新的文件夹"，将显示如图 13-24 所示的内容，在"文件夹名称"中输入名称，例如"生活"；在"文件夹保存位置"列表中选取新文件夹的创建位置，可以在"收藏夹"根位置创建，也可以在其中的文件夹中创建。

图 13-24　在"收藏夹"中创建文件夹

⑤ 单击"添加"按钮，即可把网页地址添加到"保存位置"中选定的文件夹。

2. 把网页地址添加到阅读列表中

对于以文本和图片为主的网页，可以用"阅读视图"显示，这时最好将其添加到阅读列表中，以方便以后阅读。

① 打开要收藏的网页，单击"收藏"按钮☆，显示"收藏夹"列表。

② 单击"阅读列表"，如图 13-25 所示。其中，"名称"是保存在阅读列表中的网页名称，可以更改。

③ 单击"添加"按钮收藏到阅读列表，单击"取消"按钮则不添加。这样，以后当使用 Microsoft 账户登录时，在所有自己的 Windows 10 设备上都将看到自己的阅读列表。

图 13-25　添加列表

13.2.4　Edge 中心

可以把 Microsoft Edge "中心"看作用户用于保存在网上收集的内容的位置，单击"中心"按钮☰，展开下拉列表，可以查看收藏夹、阅读列表、浏览历史记录和当前下载。

1. 管理收藏夹

通过"中心"下的收藏夹，可以显示添加到收藏夹的网页，改变收藏的网页在收藏夹中的位置，重命名网页，删除添加的网页等。

在"中心"列表中，单击"收藏夹"☆，显示收藏夹中保存的网页，如图 13-26 所示。

图 13-26　"中心"下的"收藏夹"列表

（1）显示收藏的网页

要显示收藏夹列表中的网页，单击列表中的网页名称。如果要显示的网页被收藏到文件夹中，先单击文件夹名称，进入该文件夹后再单击需要的网页或文件夹。

添加到收藏夹中的网页再次显示时，地址栏右端的"收藏"按钮显示为黄色★。

（2）整理收藏夹

随着收藏夹中网页地址的增加，为了便于查找和使用，需要整理收藏夹。

打开收藏夹列表，在收藏夹列表上的文件夹或网页名称上右键单击，在快捷菜单中可以执行删除、重命名、新建文件夹等操作，如图 13-27 所示。还可以用拖动的方法移动文件夹和网页的位置，从而改变收藏夹的组织结构。

图 13-27　收藏夹中网页的快捷菜单

（3）显示"收藏夹栏"

"收藏夹栏"是收藏夹中的一个文件夹，收藏到"收藏夹栏"中的网页将显示在浏览器的收藏夹栏中。

如果要显示收藏夹栏，在"收藏夹"列表中单击"设置"，将显示"收藏夹设置"窗格，使"显示收藏夹栏"开关为"开"，如图 13-28 所示，这时添加到收藏夹栏中的网页将出现在收藏夹栏中。

图 13-28　显示收藏夹栏

（4）导入收藏夹

可以把原来 IE、Chrome 等浏览器中的收藏夹导入到 Edge 中。在"收藏夹设置"窗格中，单击"从另一个浏览器中导入"按钮。

2. 管理阅读列表

在"中心"列表中，单击"阅读列表"≡，显示收藏到阅读列表中的网页名，如图 13-29 所示。

图 13-29　"中心"下的阅读列表

如果要显示阅读列表中的网页，单击该网页名，或者右键单击，从快捷菜单中单击"在新标签页中打开"；如果不再需要，可单击"删除"。

3. 历史记录

浏览器自动把浏览过的网页地址按日期顺序保存在历史记录中，历史记录保存的天数可以设置，也可以随时删除历史记录。

在"中心"列表中，单击"历史记录"⟲，显示最近打开过的网页名，如图 13-30 所示。单击历史记录中的网页名，则显示该网页。

图 13-30　"中心"下的历史记录

单击该网页右端的"删除"按钮×将删除该记录，也可以右键单击某历史记录，在快捷菜单中选择删除。

如果单击"过去一小时"右端的"删除"按钮×，可以删除过去一小时的浏览记录。如果单击"清除所有历史记录"，将删除所有的历史记录网页名。

4. 下载

在"中心"列表中，单击"下载"↓，将显示最近下载的文件，如图 13-31 所示。

单击下载列表中的文件名，可以打开该文件；单击文件名右端的"删除"按钮×，则从列表中清除该文件名；也可以单击"全部清除"按钮。

图 13-31 "中心"下的下载记录

单击"打开文件夹"，则在文件资源管理器中定位到该文件夹。

5．固定"中心"

在"中心"列表右上角，有一个"固定此窗格"按钮，单击可以把"中心"窗格固定在浏览器右侧，使它一直显示。

"中心"窗格固定后，按钮变为×，单击×按钮取消固定。

13.2.5 Web 笔记

Microsoft Edge 是唯一一款能够让用户直接在网页上记笔记、书写、涂鸦和突出显示的浏览器，也就是说，可以把网页作为画布，以后打开该网页，做的 Web 笔记不会消失，仍然保持原样。

在 Microsoft Edge 中，打开网页，单击"Web 笔记"，将看到 Web 笔记工具栏已经添加到所在的页面，如图 13-32 所示。

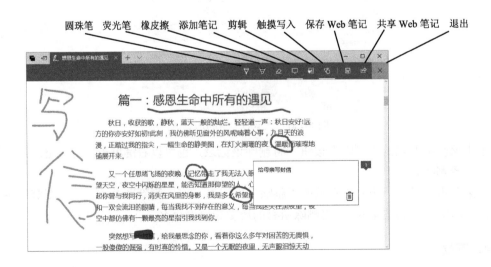

图 13-32 Web 笔记工具栏

Web 笔记工具栏中的工具如下。

① 圆珠笔▽：画笔工具，可以用鼠标在网页上涂画。单击▽图标右下角的小箭头，展开列表，可以选择笔的颜色和尺寸。

② 荧光笔▽：可以像荧光笔一样，在文字上刷上颜色而不会覆盖住文字，是具有透明效果的彩笔。单击▽图标右下角的小箭头，展开列表，可以选择荧光笔的颜色和尺寸。

③ 橡皮擦◇：单击橡皮擦◇后，再单击笔或荧光笔涂画的痕迹，痕迹将被清除。单击橡皮擦◇图标右下角的小箭头，单击"清除所有墨迹"，则清除当前网页中的所有涂画。

④ 添加笔记🖵：在网页中添加文字标注，可以在一个网页中添加多个文字标注。拖动标注的数字，可以改变标注在网页上的位置。单击标注框中的删除🗑图标，删除当前标注。单击其他工具退出标注。

⑤ 剪辑✂：把拖拉的一块网页区域作为位图保存在剪贴板中。先单击剪辑✂，网页被透明黑色覆盖，中间显示"拖动以复制区域"；按下鼠标左键不放，拖拉出一个矩形区域，松开鼠标按钮，区域右下角显示"已复制"。可以粘贴到画图、Word 中保存。单击其他按钮退出剪辑。

⑥ 触摸写入✍：支持触摸屏的计算机，可以通过触摸进行标注。

⑦ 保存 Web 笔记🖫：把网页和 Web 笔记保存到 OneNote、收藏夹或阅读列表中。下次从收藏夹或阅读列表中打开该网页时，该网页是以位图的形式打开的，所以 Web 笔记不会消失；但是所做的涂画、标注，将不能被擦除，网页中的文字、图片等也不能操作。如果需要对原始网页做操作，最好同时收藏没有做过 Web 笔记的网页。

⑧ 共享 Web 笔记🔗：把 Web 笔记共享到邮件、OneNote 或消息。

⑨ 退出退出：退出 Web 笔记。

13.2.6　Edge 的更多操作

1."更多"菜单

在 Microsoft Edge 的功能区中单击"更多"…，将显示"更多"菜单，如图 13-33 所示。

图 13-33　"更多"菜单

通过该菜单可以对浏览器作一些设置，主要有以下几项。

① 新窗口：新打开一个 Microsoft Edge，同时打开设置的网址。

② 新 InPrivate 窗口：新建一个空白的 InPrivate 窗口，如图 13-34 所示。

图 13-34　InPrivate 窗口

提示：InPrivate 浏览可使用户在浏览时不会留下任何隐私信息痕迹（无痕浏览），在关闭 InPrivate 窗口后，将删除所有用户数据。这有助于防止任何其他使用你的计算机的人看到你访问了哪些网站，以及你在 Web 上查看了哪些内容。

③ 缩放：缩小或放大网页中的文字。单击—缩小文字，单击＋放大文字。

④ 在页面上查找：在浏览器功能区下显示搜索栏，如图 13-35 所示。

图 13-35　在页面上查找

每输入一个字，则开始在当前网页中查找（不用按 Enter 键），对符合条件的文字加上背景色。数字分式 2 / 17 表示共有多少符合条件的，以及当前所在的位置。单击 〈 显示前一个符合条件的内容，单击 〉 向后显示。可在"选项" 选项∨ 中选用"全字匹配"和"区分大小写"。单击×关闭搜索栏。

⑤ 打印：将显示"打印"对话框，打印当前网页。可以输出到打印机或文件。

⑥ 将此页固定到"开始"屏幕：将显示对话框"此应用正在尝试将磁贴固定到'开始'屏幕，想要将此磁贴固定到'开始'屏幕吗？"。把此网页做成开始屏幕的磁贴，下次打开此网页时，比收藏更方便。

⑦ F12 开发人员工具：打开 HTML、CSS 代码窗口。

⑧ 使用 Internet Explorer 打开：再用 Internet Explorer 打开当前网页。用于用 Microsoft Edge 打开的网页不兼容时，可用 Internet Explorer 打开当前网页。

⑨ 发送反馈：把使用中遇到的问题反馈给微软。

⑩ 设置：设置 Microsoft Edge，可以设置主题、打开方式、收藏夹、清除浏览数据、同步内容、阅读视图和高级设置。

2．设置主页

每次启动浏览器后都可以显示一个网页，用户可以把经常浏览的网页设置为打开浏览器时显示的默认网页。下面设置打开 Microsoft Edge 时首先显示主页 http：//cn.msn.com/。

① 在 Microsoft Edge 的功能区中单击"更多"···，在"更多"菜单中单击"设置"，如图 13-36 所示。

图 13-36　设置打开方式

② 在"设置"窗格中，在"Microsoft Edge 打开方式"下选中"特定页"，在文本框中输入 http://cn.msn.com/，单击"保存"按钮。

3．设置其他

① 如果要设置收藏夹、清除浏览数据、同步内容、阅读视图，请选择相应选项，如图 13-37 所示。

图 13-37　设置收藏夹等项

② 单击"高级设置"下的"查看高级设置"，将显示更多设置，如图 13-38 所示，包括阻止弹出窗口、是否保存密码等选项。

图 13-38　高级设置选项

13.2.7 在地址栏中搜索

需要搜索时，通常是在浏览器地址栏中输入搜索网站的网址，例如，必应 http://cn.bing.com/，谷歌 http://www.google.com.hk/，百度 http://www.baidu.com，360 搜索 http://www.so.com，搜狗 http://www.sogou.com/，雅虎 https://sg.search.yahoo.com/等。然后再在搜索网页中进行搜索。

1．在地址栏中输入搜索内容

在 Microsoft Edge 中，可直接在地址栏中输入搜索内容，如图 13-39 所示。按 Enter 键则按设置的默认搜索引擎搜索，也可选择建议列表中的网站或关键字。

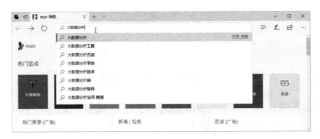

图 13-39　在地址栏中输入搜索词

搜索结果包括来自 Web 的即时结果，以及浏览历史记录，如图 13-40 所示。

图 13-40　搜索的结果

2．更改默认的搜索引擎

可以在"设置"中更改默认的搜索引擎，方法为：

① 在 Microsoft Edge 的功能区中单击"更多" ，在"更多"菜单中单击"设置"。

② 在设置选项中，单击高级设置下的"查看高级设置"按钮。在地址栏搜索方式下，单击"更改搜索引擎"按钮，如图 13-41 所示。

图 13-41　高级设置

③ 在"更改搜索引擎"选项中，单击需要默认的搜索引擎，如图 13-42 所示，最后单击"设为默认值"按钮。

图 13-42　更改搜索引擎

13.2.8　网页的保存和打开

可以把网页、网页中的图片等内容保存到自己的文件夹中，这样以后在不上网时也能阅读。

1．把网页保存为 PDF 文件

把网页保存为 PDF 文件可以保留网页原来的排版，保存了网页的原汁原味。方法为：

① 打开要打印的网页，在 Microsoft Edge 的功能区中单击"更多"…，在"更多"菜单中单击"打印"。

② 在"打印"对话框中，单击"打印机"列表，将显示打印机选单，如图 13-43 所示，在选单中列出了可以打印的选项，包括打印到打印机、打印到 PDF 文件、发送到 OneNote 等，单击"Microsoft Print to PDF"，然后单击"打印"按钮。

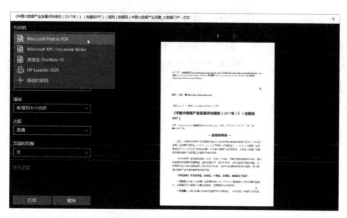

图 13-43　"打印"对话框

③ 在"将打印输出另存为"对话框中，浏览到输出的文件夹，输入 PDF 文件名，单击"保存"，如图 13-44 所示。打开生成的 PDF 文件，几乎与网页完全一样。

图 13-44　"将打印输出另存为"对话框

2．保存网页

Microsoft Edge 没有提供直接保存网页的功能。如果要保存当前网页，可采用下面的操作方法：

① 在 Microsoft Edge 的功能区中单击"更多"···，在"更多"菜单中单击"使用 Internet Explorer 打开"。

② 在 Internet Explorer 浏览器中，单击"工具"按钮，指向"文件"，单击"另存为"（或者按 Ctrl+S 组合键），如图 13-45 所示。

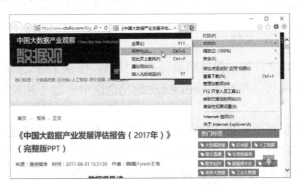

图 13-45　IE 浏览器的工具菜单

③ 在"保存网页"对话框中，如图 13-46 所示，选择保存网页文件的文件夹。在"文件名"文本框中输入网页文件名（一般不需要更改）。单击"保存类型"下拉列表框右侧的 按钮，在列表中可以选择"网页，全部（*.htm，*.html）""Web 档案，单一文件（*.mht）""网页，仅 HTML（*.htm，*.html）"或"文本文件（*.txt）"。

图 13-46　"保存网页"对话框

这些保存类型中使用较多的是网页和 Web 档案格式，二者主要区别是：保存文件时是否将页面中其他信息（如图片等）分开存放。若保存为网页类型，则系统会自动创建一个以×××.files 命名的文件夹，并将页面中的图片等对象保存在其中。

④ 单击"保存"按钮。

3. 打开保存的网页

Microsoft Edge 浏览器无法打开本地保存着的网页。保存在磁盘上的网页文件，可以用 Internet Explorer 在不连接互联网的情况下显示出来。具体方法为：

① 由于 Internet Explorer 11 默认不显示菜单栏，所以要首先显示出菜单栏，用鼠标右键单击标题栏空白区域，在快捷菜单中单击"菜单栏"，如图 13-47 所示。菜单栏将出现在地址栏下方。

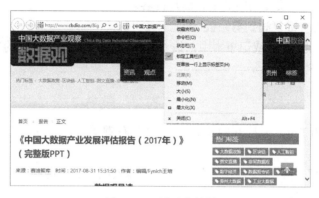

图 13-47　显示菜单栏

② 单击 IE"文件"菜单中的"打开"，如图 13-48 所示。显示"打开"对话框，在"打开"对话中，如果知道保存网页的路径和文件名，可直接在"打开"对话框中输入。或者，单击"浏览"按钮。

图 13-48　文件菜单

③ 在"Internet Explorer"对话框中，浏览到保存网页的文件夹，选中要打开的网页，然后单击"打开"，如图 13-49 所示。

④ 单击"确定"按钮，打开保存在磁盘上的网页。

也可在文件资源管理器中，双击保存的网页文件，用默认的浏览器打开网页。

图 13-49　"打开"对话框

4．保存网页中的选定内容

可以把网页中选定的部分内容通过复制、粘贴的方式，复制到 Word、记事本等编辑软件中。方法为：

① 在网页中选定需要复制的文字、图片内容。

② 按 Ctrl+C 组合键复制到剪贴板。

③ 切换到打开的 Word 或记事本中，按 Ctrl+V 组合键把剪贴板中的内容粘贴到文档中。

④ 最后保存文档。

5．保存图片

① 在 Microsoft Edge 中打开网页，在图片上右键单击，在快捷菜单中单击"将图片另存为"。

② 在"另存为"对话框中，选择保存路径，输入图片的名称。

③ 单击"保存"按钮。

6．下载文件

超链接指向一个资源，可以是网页，也可以是压缩文件、EXE 文件、音频文件、视频文件等文件。下载方法为：

① 在 Microsoft Edge 中打开网页，在超链接上右键单击，在快捷菜单上单击"将目标另存为"。

② 在"另存为"对话框中，如图 13-50 所示，浏览到保存文件的路径，也可以重命名文件名，单击"保存"按钮。有些网页带有"下载"按钮，单击就可下载。

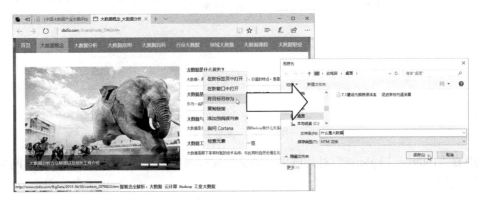

图 13-50　"另存为"对话框

262

③ 在浏览器底部会出现一个下载进度状态窗口，包括下载完成的百分比，估计剩余时间，暂停、取消等控制按钮。

④ 下载完成后，显示如图 13-51 所示，单击"查看下载"按钮。

⑤ 打开"下载"窗格，如图 13-52 所示，列出了通过浏览器下载的文件列表，以及它们的状态和保存位置等信息。

图 13-51　下载完成的提示　　　　　　　　图 13-52　下载窗格

7. 更改下载文件保存路径

可以更改 Microsoft Edge 浏览器的下载文件保存路径，方法为：

① 在功能区单击"中心"按钮￣，在中心窗格中，单击下载↓，显示下载列表。

② 单击"打开文件夹"，则在文件资源管理器中打开保存下载文件的文件夹，右键单击内容窗格中的空白区域，打开快捷菜单，如图 13-53 所示；或者右键单击导航窗格中的"下载"，打开快捷菜单。

③ 单击快捷菜单中的"属性"，显示"下载 属性"对话框，单击"位置"选项卡，单击"移动"按钮。

④ 在"选择一个目标"对话框，如图 13-54 所示，浏览选择一个下载文件夹，然后单击"选择文件夹"按钮。

⑤ 返回到"下载 属性"对话框的"位置"选项卡，单击"确定"按钮。显示"移动文件夹"对话框，如图 13-55 所示，单击"是"按钮。以后下载文件时，会默认保存到新位置。

图 13-53　下载文件夹的快捷菜单

图 13-54 "选择一个目标"对话框　　　　　图 13-55 "移动文件夹"对话框

13.2.9　Cortana 和 Microsoft Edge 的组合

Microsoft Edge 浏览器中集成了私人助手 Cortana。

当在网页上发现一个想要了解更多相关信息的主题时，选中该字词或短语，然后用鼠标右键单击，在快捷菜单中单击"询问 Cortana"，则浏览器右侧显示 Cortana 窗格，并给出相关信息，如图 13-56 所示。

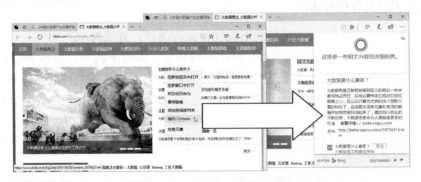

图 13-56　使用 Cortana 搜索

习 题 13

1. 接入互联网的方式有哪几种？
2. 如何连接无线网络？
3. 在 Microsoft Edge 浏览器中浏览网页。
4. 把看到的自己感兴趣的网页收藏起来。
5. 把网页内容保存为 PDF 文件。
6. 保存网页上的内容。